FLUGZEUGE

FLUGZEUGE

Zivilflugzeuge aus den Jahren 1903–1957

DAUSIEN

FLUGZEUGE
Text: Václav Němeček
übersetzt von Wolfgang Gruhn
Abbildungen: Jaroslav Velc
© und Herstellung 1991 Verlag Slovart
VERLAG WERNER DAUSIEN • HANAU
ISBN 3–7684–0125–1

EINLEITUNG

Die Luftfahrt gehört zu den Bereichen menschlicher Tätigkeit, die innerhalb eines Menschenalters eine unwahrscheinlich stürmische Entwicklung durchliefen, vom ersten Flug mit Motorkraft im Jahre 1903 bis zum heutigen täglichen Personen- und Güterlufttransport.

Wie auf anderen Gebieten der Technik verlief auch die Entwicklung der Luftfahrt und des Luftverkehrs in bestimmten Etappen. Auf die Begeisterung der Flugpioniere an der Schwelle unseres Jahrhunderts folgte die Etappe der umfassenden Nutzung der Luftfahrt, die Etappe eines wahren Trunkenseins von der Luft und dem Fliegen. In den zwanziger Jahren erreichte vor allem die zivile Verkehrs- und Sportluftfahrt ein hohes Entwicklungstempo. Die Menschen waren begeistert von den neu entdeckten, scheinbar grenzenlosen Möglichkeiten. Die dreißiger und vierziger Jahre brachten eine weitere stürmische Entwicklung, gleichzeitig aber auch den Beginn einer grundlegenden Veränderung. Möglich wurde dies durch die Verwendung von neuen Antriebsmitteln für die Flugzeuge, d. h. von Turboprop- und Luftstrahltriebwerken anstelle von Kolbenmotoren.

Diese neuen Motoren setzten andere Maßstäbe hinsichtlich der Geschwindigkeit des Personen- und Gütertransportes. Die Transportkapazität vervielfachte sich, die Nutzung des Flugzeuges als Transportmittel nahm einen großen Umfang an. Der Flugverkehr kam durch die Leistung der modernen Großraumflugzeuge mit Strahltriebwerken in eine neue Dimension.

Die Zeit der Entwicklung der Luftfahrt vor dem Aufkommen der Gasturbinen war die Epoche der Oldtimer unter unseren Flugzeugen. Das Flugzeug mit dem Kolbenmotor und der Luftschraube verkörperte noch die gute alte Zeit der Fliegerei. Die Maschine mit einer Gasturbine dagegen symbolisiert eine geballte Kraft, die das Flugzeug mit hoher Geschwindigkeit und unter tosendem Lärm über riesige Entfernungen trägt. Der brummende Kolbenmotor und die sirrenden Luftschraubenblätter – das sind die charakteristischen Merkmale der Ära der Luftfahrt, die in diesem Buch behandelt wird.

Dabei wird auch in die „Vorzeit" des Flugwesens, die Zeit der frühesten, vielfach nicht belegten, meist mißglückten Versuche zurückgegangen, die Zeit, als die ersten Erfinder, Experimentatoren und Phantasten der Menschheit den Weg zu den Flügeln und zur Fortbewegung in der Luft bahnten.

ALS DER MENSCH DAS FLIEGEN LERNTE

Der Mensch ist hervorragend an das Leben auf der Erdoberfläche ange-paßt. Dieser Lebensraum genügte ihm jedoch bald nicht mehr. Begabt mit einem gleichermaßen aufnahmefähigen wie erfinderischen Verstand, er-langte er die Fähigkeit, sich auf dem Wasser über weite Strecken fortzube-wegen. Er erfand das Rad, zähmte Tiere und nutzte sie für die Arbeit und als Nahrungsquelle. Nur eines versuchte er lange Zeit vergeblich – wie ein Vogel zu fliegen. Flügel – um es bildlich auszudrücken – wuchsen ihm erst ganz allmählich.

Es waren winzig kleine Schritte, ausgeführt mit großen zeitlichen Verzö-gerungen und in weit voneinander entfernten Teilen der Erde, die den Menschen aus dem Stadium der Träume vom Fliegen zu den ersten ver-heißungsvollen Versuchen gegen Ende des 18. Jahrhunderts führten. Das Altertum ist voller Legenden über mythische Wesen, die die Kunst des Fliegens beherrschten, und zwar zumeist so, daß sie Vögeln oder Fleder-mäusen glichen. Darunter finden sich auch etliche mit mehr oder weniger verschwommenen und kaum nachprüfbaren Berichten über kühne Phanta-sten, die sich künstliche Flügel anfertigten, mit ihnen von Türmen oder Felsen zum Flug ansetzten und schwer verletzt oder tot auf die Erde fielen.

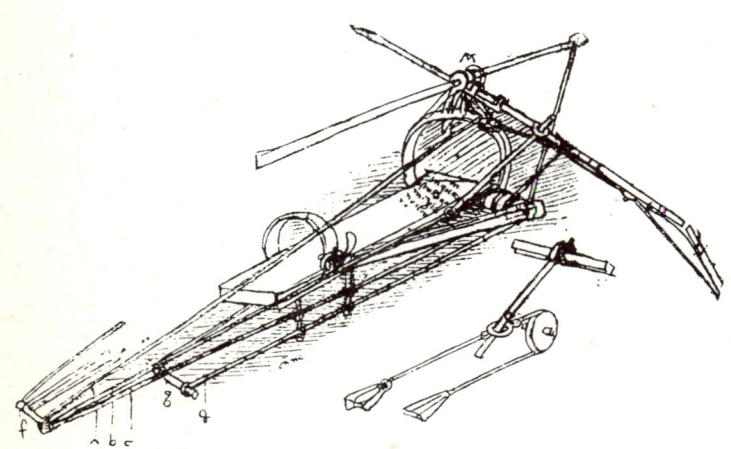

Eine der zahlreichen Zeichnungen Leonardo da Vincis, die ein von Menschenkraft betriebenes Fluggerät darstellt.

Die Versuche wurden dennoch fortgesetzt, Gedanken reiften und die Sehnsucht, sich wie ein Vogel in der Luft zu bewegen, blieb. Die Epoche der Versuche hoffnungsvoller Phantasten dauerte lange, bis weit in die Neuzeit.

Keiner jener Phantasten aus alter Zeit war sich dessen bewußt, daß der Mensch von Natur aus nicht dazu geschaffen ist, mit eigener Kraft oder mit künstlichen Flügeln am Arm wie ein Vogel zu fliegen. Sein Körper ist zu schwer und nicht aerodynamisch geformt, der Aufbau seines Skeletts und die Verteilung der Muskeln befähigen ihn nicht zu einem vogel- oder fledermausartigen Flug.

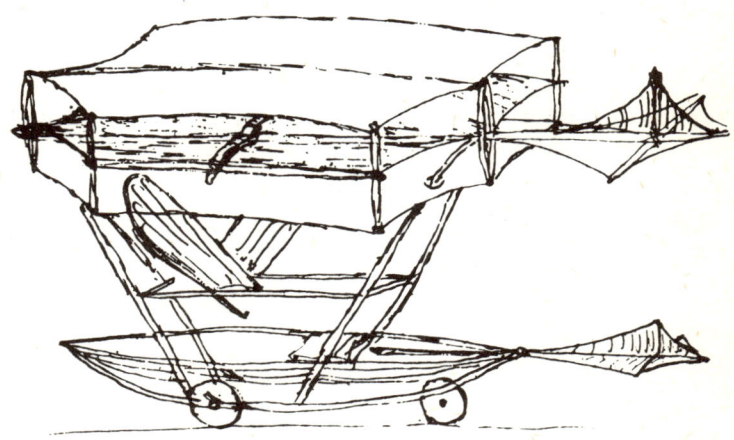

Entwurf Sir Cayleys – ein Dreidecker mit Gondelrumpf.

Wollte der Mensch aus eigener Kraft schwingende Flügel gleich den Vögeln bewegen, müßte er ein fast zwei Meter langes Brustbein besitzen, an dem die dafür erforderlichen Muskeln ansetzen könnten. Darüber hinaus fehlt ihm das Wichtigste – ein leistungsfähiger „Motor", wie ihn das Vogelherz darstellt. Ein kleiner Spatz zeigt beim Fliegen eine Herzfrequenz von 800 Schlägen je Minute und eine Taube führt im gleichen Zeitraum 400 Atemzüge aus. Über derart leistungsfähige Organe verfügt der menschliche Organismus nicht.

Dieses Wissen fehlte den Menschen lange Zeit und sie gerieten mit ihren Anstrengungen in eine Sackgasse. Dies führte zur weiteren Erforschung der Naturgesetze und zur genaueren Beobachtung der Bewegung eines Vogels beim Flug. Auch als schon klar war, daß das Fliegen ohne Schwingen möglich ist, vermochten sich die Menschen noch nicht von der Erde zu erheben. Sie waren auf das klassische Baumaterial Holz und die Metalle angewiesen, aus denen sich beim damaligen Stand der Handwerkskunst keine ausreichend leichten und sicheren Flugmittel herstellen ließen. Zudem gab es keine Energiequelle, die als Motor bei diesen Versuchen dienen konnte. Die Kraft des Menschen oder der Zugtiere, des Windes oder des strömenden Wassers – das waren die einzigen bekannten Energiequellen, und von diesen erschien den damaligen Erfindern allein die menschliche Kraft als unmittelbar nutzbar.

Aus den märchenhaften Erzählungen und den vagen Mitteilungen über Erfinder und Phantasten ragt am Ende des Mittelalters ein einziger fortschrittlicher Denker auf dem Gebiet der Flugtechnik heraus: Der Genius der Renaissance, Leonardo da Vinci (1452–1519). Bei seinen ungezählten und ausführlich dokumentierten Beobachtungen studierte er sorgfältig den Flug der Vögel, Fledermäuse und Insekten und beschäftigte sich mit der Konstruktion von Schwingvorrichtungen; er entwarf einen Fallschirm und entdeckte das Prinzip des Hubschraubers. Technisch gesehen beschritt er einen traditionell falschen Weg, erkannte dies jedoch selbst. Andere Möglichkeiten allerdings sah er nicht. Die ungeheure Menge von Material, die er hinterließ, wurde nicht genutzt, da er im Verborgenen arbeitete und seiner Umgebung kaum etwas anvertraute.

Die Zeit der Renaissance, die der Erforschung der Naturgesetze den Weg bahnte, brachte noch einige andere Forscher hervor, deren Bedeutung aber mit der Leonardos nicht zu vergleichen ist. Mit dem Gedanken an eine Bewegung in der Luft beschäftigten sich nun auch weitere gelehrte Leute. Unter ihnen gelangte der Italiener Giovanni Borelli (1608–1679) zu dem eindeutigen Schluß: „Es ist absolut unmöglich, daß der Mensch mit der Kraft allein seiner Arme fliegt." Dieses Postulat wurde auf der Grundlage sorgfältiger anatomischer Studien verkündet und gilt bis heute.

Daran ändert auch die Tatsache nichts, daß es im Jahre 1979 gelang, einige Flüge mit menschlicher Antriebskraft erfolgreich zu unternehmen und sogar den Ärmelkanal zu überfliegen. Ohne Zweifel war dieses Ereignis ein Triumph der menschlichen Fähigkeit, die Naturgesetze zu nutzen oder sogar zu überlisten, aber es ist als Ausnahme zu betrachten.

Trotz Borellis kategorischer Feststellung fuhren Phantasten und ernsthafte Erfinder fort, Flügel zu konstruieren, mit deren Hilfe sich Menschen in der Luft fortbewegen sollten. Das Ende des 18. Jahrhunderts jedoch brachte eine große Neuheit – die französischen Brüder Montgolfier erfanden den Heißluftballon, und im Jahre 1783 stiegen die ersten Menschen in einem solchen Ballon von der Erde auf.

Ein Traum der Menschen wurde Wirklichkeit, auch wenn man früh erkannte, daß der Ballon keineswegs ein ideales Mittel zur Eroberung der Lüfte ist. Der Ballon ist eine der Entdeckungen des 18. Jahrhunderts, das in breiterem Umfang als die Zeit der Renaissance zur Erkenntnis der Naturgesetze und ihrer Nutzung führte. Die Zukunft konnte weder dem Ballon gehören mit seiner Plumpheit und Unfähigkeit, die Flugrichtung beizubehalten, noch seinem Nachfolger, dem Luftschiff, sondern nur einer Maschine mit Flügeln.

Es dauerte aber noch einige Dutzend Jahre, bis das geschaffen war, was fehlte – ein Motor, zuerst mit Dampf, dann elektrisch und schließlich

Ein Reporter der Zeitung „L'Illustration" fertigte am 9. Oktober 1890 diese Skizze eines Eole-Flugzeuges an.

mit Benzin angetrieben. Die Dampfmotoren vom Beginn des 19. Jahrhunderts waren riesige und schwere Maschinen mit verhältnismäßig schwacher Leistung, und daher ungeeignet für den Antrieb von Fluggeräten. Dennoch fanden sich Konstrukteure, die bereits in früher Zeit die Dampfmaschine für den Antrieb von Luftschiffen verwendeten.

Der Franzose Giffard baute im Jahre 1852 für sein tatsächlich auch fliegendes Luftschiff einen Dampfmotor mit 2,25 kW (3 PS) Leistung und einer Masse von 150 kg. Zu Recht betrachtete man ihn damals als den Gipfel der Technik. Clément Ader konstruierte für seine Flugzeuge gegen Ende des Jahrhunderts Dampfmotoren mit 14,7 bis 22 kW (20 bis 30 PS) Leistung und einer Masse von „bloßen" 60 bis 90 kg ohne Wasser, Treibstoff und Kühler. Dies zeigt den Fortschritt im Maschinenbau, gleichzeitig aber auch, weshalb derartige Motoren für Flugmaschinen, insbesondere für Flugzeuge, nicht geeignet waren.

Der Elektromotor war selbstverständlich geeignet, doch seine schweren Akkumulatoren, als Energiequelle unerläßlich, entwerteten ihn. Er bewährte sich bei einigen Luftschiffen, blieb aber ohne Perspektive für die weitere Entwicklung. Dann wurde der Verpuffungsmotor erfunden. Die Gasmotoren erreichten relativ früh annehmbare Leistungsparameter im Verhältnis zur Masse. Schwierigkeiten jedoch bereiteten die Gasbehälter, die bei dem beträchtlichen Verbrauch ziemlich groß sein mußten.

Der Benzinmotor, der mit den Automobilen an der Jahrhundertwende eine stürmische Entwicklung erfuhr, erwies sich am geeignetsten. Es gab noch viel Arbeit, bis es gelang, den Automotor für Flugzwecke umzubauen, also seine Drehzahl zu erhöhen und gleichzeitig die Masse drastisch zu reduzieren. Als sich die Brüder Wright im Jahre 1903 mit ihrem Flugzeug mit Benzinmotor eigener Konstruktion in die Luft erhoben, konnten sie damit prahlen, daß ihr Motor von 9 kW (12 PS) Leistung ohne Kühler und Wasser nur 110 kg wog. In der Pionierzeit halfen entscheidend auch die Erfahrungen aus der Entwicklung von luftgekühlten Kraftradmotoren.

Im vorigen Jahrhundert nahm die Zahl der Konstrukteure, Erfinder und Flugbegeisterten zu. Gewöhnlich waren alle drei Eigenschaften in einer Person vereinigt. Zusätzlich erweiterte sich die Kommunikation zwischen den Menschen ständig. Telegraf, Telefon und Drucktechnik beschleunigten die Informationsübertragung, und die Erfinder, die auch selbst ihre Tätigkeit nicht vor der Welt verbargen, blieben nicht mehr anonym. Im Gegenteil, die Öffentlichkeit erfuhr begeistert – mitunter aber auch skeptisch – von immer neuen Versuchen.

Die Grundlage für den weiteren Fortschritt bildete die Entdeckung des Auftriebes an den geraden Flügeln, die durch die Gleitbewegung oder den Zug des Propellers auf die erforderliche Geschwindigkeit gebracht wurden. Viele Versuche waren jedoch nötig, bis sich herausstellte, welche Grundrißform des Flügels am günstigsten war, wie das Tragflächenprofil beschaffen sein mußte, wie das Flugzeug Längs-, Roll- und Richtungsstabilität erhalten und wie es in alle Richtungen gesteuert werden konnte. Im Unvermögen, das Flugzeug zu steuern und sicher zu stabilisieren, bestand im wesentlichen die Ursache des Mißerfolgs vieler Luftfahrtpioniere. Ein weiteres Problem lag darin, die richtige Propellerform zu finden, um aus der recht schwachen Motorleistung eine höhere Geschwindigkeit zu erzeugen.

Der Erfolg stellte sich ein, als die Konstrukteure den von einem Kinderspielzeug abgeschauten mehrblättrigen „Ventilator" verwarfen. Sie bauten nun Luftschraubenblätter, wie kleine Flügel mit einem bestimmten Profil und einer „Verwindung", damit an ihnen eine nach vorn gerichtete Kraft entstehen kann. Es ging also nicht um ein „Einschrauben in die Luft", wie viele irrtümlich annahmen, sondern um einen Schub, ausgelöst durch den nach vorn gerichteten Auftrieb an den Luftschraubenblättern. Das war die eigentliche Funktion der Luftschraube bzw. des Propellers.

Es wäre nicht zweckmäßig, hier den gesamten Verlauf der Entwicklung des Fluggedankens zu verfolgen. Die Flugzeuge der einzelnen Konstrukteure, die im Buch aufgeführt werden, zeigen gewiß am anschaulichsten, wie die Konzeption allmählich reifte, wie sich die Erfinder zu den richtigen Lösungen vorarbeiteten und wie häufig falsche Auffassungen überlebten. Von den erwähnten Konstrukteuren und Fliegern leistete der deutsche Ingenieur Otto Lilienthal für das 20. Jahrhundert am meisten, da er nicht nur große und reale Erfolge bei der Beherrschung des Gleitfluges erzielte, sondern auch hervorragende theoretische Arbeiten hinterließ. Ihr Studium erleichterte nachfolgenden Technikern die Arbeit.

Nach der Anzahl der Versuche gilt jedoch Frankreich als die Wiege der Luftschiffahrt, d. h. des Fliegens mit Ballons und Luftschiffen. Die impulsive Erfindernatur der Franzosen fand in der Luftfahrt ein hervorragendes Anwendungsfeld. Dieser Trend hielt auch zu Beginn des 20. Jahrhunderts an.

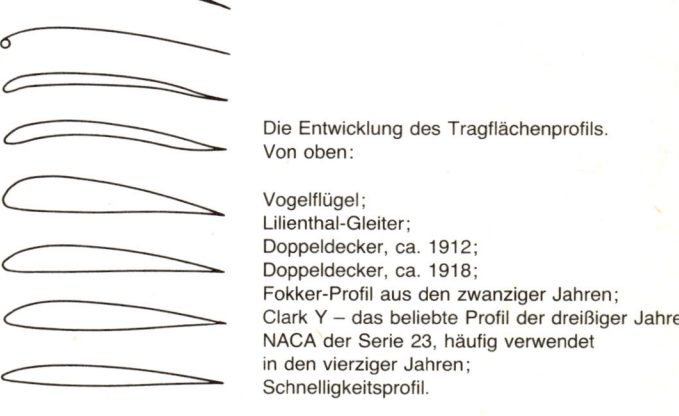

Die Entwicklung des Tragflächenprofils.
Von oben:

Vogelflügel;
Lilienthal-Gleiter;
Doppeldecker, ca. 1912;
Doppeldecker, ca. 1918;
Fokker-Profil aus den zwanziger Jahren;
Clark Y – das beliebte Profil der dreißiger Jahre;
NACA der Serie 23, häufig verwendet
in den vierziger Jahren;
Schnelligkeitsprofil.

Zu dieser Zeit kannte man also die Grundlagen des Gleitfluges, man wußte, daß das Profil der Flügel gebogen, im vorderen Teil verdickt und ihre Form etwa so beschaffen sein muß, daß sie einem Vogelflügel im Längsschnitt gleichen. Man konnte die erforderliche Größe der Tragfläche erreichen, indem man zwei davon in entsprechender Entfernung voneinander anbrachte. Dadurch wurde gleichzeitig ein ziemlich sicheres und leichtes System geschaffen, das der Deformation nicht in dem Maße unterlag wie die bisherigen Einzelflächen.

Von den Motoren haben wir schon gesprochen. Schwergewichtige Benzinmotoren standen zur Verfügung. Fraglich war lediglich, wo man sie und die Wasserkühlung unterbringen und wie man den Propeller antreiben sollte: direkt oder mit einem Ketten- oder Riemenantrieb. Auch das Problem der Abstimmung der Drehzahlen von Motor und Propeller mußte noch gelöst werden, damit die Luftschraube möglichst wirksam arbeiten konnte.

DIE ERSTEN JAHRE DES MOTORFLUGES

Aus der Beschreibung der einzelnen Flugzeugtypen ist zu erkennen, daß Europa und hier besonders Frankreich einen eigenen Weg beschritt, der langsam und nicht sehr erfolgreich vonstatten ging. Gleich einem Sturm fielen im Jahre 1908 die amerikanischen Brüder Wright in Europa ein und unternahmen sichere und langdauernde Flüge, die sich von den eher zögernd wirkenden „Sprüngen" der Europäer grundlegend unterschieden. Die Gebrüder Wright gaben dem Fortschritt der europäischen Luftfahrt einen wesentlichen Impuls. Und dies nicht so sehr mit ihrer technischen Lösung – sie wies eine ganze Reihe von Mängeln auf – sondern durch ihr methodisches Vorgehen vom Gleitflug zur vollständigen Beherrschung und Steuerung ihres Flugzeuges. Darüber hinaus traten sie souverän und „amerikanisch" auf, was die Europäer und vor allem die Franzosen stark beeindruckte. Das gab den Anstoß für verstärkte Anstrengungen, die Flugtechnik zu beherrschen. Es führte unter anderem auch dazu, daß im Jahre 1909 der Franzose Louis Blériot mit seiner Maschine den Ärmelkanal überflog.

Dieses Ereignis hatte einen entscheidenden Einfluß auf den weiteren Fortschritt im Flugwesen. Damit wurde nachgewiesen, daß das Flugzeug ein brauchbares Niveau erreicht und eine große Zukunft vor sich hatte. Die frühere skeptische Einstellung offizieller Stellen gegenüber dem Flugzeug und seinen Konstrukteuren wandelte sich allmählich, besonders als die aktivsten unter den Konstrukteuren Flugzeuge für militärische Zwecke vorstellten und auch erste Versuche demonstrierten, die Post per Luft zu befördern.

Nach 1910 veränderte sich der Bau von Flugzeugen im Zusammenhang mit der übrigen Technik deutlich. Bisher war das Flugzeug vor allem ein Mittel zur sportlichen Tätigkeit, das meistenteils von seinen eigenen Schöpfern geflogen wurde. Verstärkt interessierten sich nun auch finanzkräftige Einzelpersonen für das Flugzeug als ein Sport-„Gerät" – ähnlich wie das beim Auto und beim Motorrad der Fall war. Man begann mit Flugzeugen Handel zu treiben; angeboten wurden spezielle Flugzeugmotoren, bewußt dafür konstruiert und mit hervorragenden Parametern ausgestattet. Die Militärverwaltungen der Großmächte erprobten Flugzeuge und stellten sie nachfolgend in den Dienst ihrer Armeen, vor allem als Aufklärungs- und Verbindungsmittel. Man war sich zwar über die weitere Nutzung noch nicht ganz im klaren, ahnte aber wohl ihre künftige Bedeutung.

Als im August 1914 in Europa der erste Weltkrieg ausbrach, waren die Flugzeuge mit Ausnahme der russischen Großflugzeuge vom Typ Ilja Muromez mit vier Motoren und ausgezeichneter Tragfähigkeit, durchweg zweisitzige oder nur einsitzige, ausnahmsweise dreisitzige Maschinen.

Das markanteste Unterscheidungsmerkmal war die Anzahl der Tragflächen – Eindecker und Doppeldecker existierten nebeneinander. Die erstgenannten propagierten vor allem die französischen Firmen wie Nieuport, Morane-Saulnier und besonders Blériot. In Österreich-Ungarn und in Deutschland wurden die Typen Taube vom ursprünglichen Etrich-Muster abgeleitet.

Sie besaßen Motoren mit einer Leistung von durchweg maximal 74 kW (100 PS), aber eher weniger. Die meisten der damaligen Motoren waren siebenzylindrig und sternförmig angeordnet, also Sternmotoren. Sie wiesen eine Leistung von 44 kW (60 PS) auf und waren luftgekühlt. Da die Konstrukteure befürchteten, sie würden bei den geringen Geschwindigkeiten der damaligen Flugzeuge (ungefähr bis 100 km/h) nicht ausreichend gekühlt, bauten sie Umlaufmotoren. Der Motor besaß eine am Heck des Rumpfes befestigte Kurbelwelle, um die er sich mit dem Propeller drehte. Diese Lösung war günstig, solange sich die Leistung nicht dem Niveau von 110 kW (150 PS) näherte. Derart große Motoren zeigten schon ein großes Dreh- und Trägheitsmoment und behinderten das Flugzeug bei der Ausführung von komplizierten Manövern.

Die Reihenmotoren, meist sechszylindrig, wurden mit Wasser gekühlt, benötigten also einen Kühler. Sie besaßen zwar eine etwas größere Masse, waren jedoch recht zuverlässig, und bei ihnen ließ sich die Leistung einfacher erhöhen. Luftgekühlte Reihenmotoren, gewöhnlich mit einer gabelförmigen Anordnung der Kolben, waren noch in der Minderzahl. Sie wurden nicht zuverlässig gekühlt, die Ventilatoren zeigten Störungen und erhöhten die Masse.

Rumpfeindecker hatten ihre Motoren vorwiegend am Vorderteil des Rumpfes, die Flügel vorn und das Leitwerk hinten. Mit Ausnahme von Blériot, der den Rumpf nur hinter dem Pilotensitz mit Stoff bespannte, verwendete man schon vollständig bespannte Rümpfe. Über dem Rumpf ragte eine Pyramide aus Streben hervor, an der man das Verspannungsseil des Flügels, verankert auch unten an den Fahrwerkstreben, befestigte. Durch die Pyramide führte auch das Seil, das zur Bewegung der Flügelspitze oder zur Beherrschung der Querruder bestimmt war.

Die Konstruktionslösung der französischen Farman-Maschinen mit einer großen Tragfläche beeinflußte damals die Doppeldecker-Entwicklung. Gekennzeichnet waren sie durch eine kurze Rumpfgondel, in deren Vorderabschnitt die Piloten saßen. So hatten sie einen ausgezeichneten Blick nach vorn und hinten. Am Ende der Rumpfgondel befand sich ein Motor mit einem Druckpropeller, der die Maschine nach vorn drückte. Das Leitwerk wurde von einem Strebensystem getragen, das mit den Flügeln und dem Fahrwerk verankert war. Bei den alten Farman-Typen befand sich vor der Rumpfgondel ein Höhenruder, das später nach hinten verlagert wurde.

Die Rumpfeindecker zeigten an der vollen Länge einen niedrigeren Luftwiderstand und waren gewöhnlich schneller. Die Doppeldecker à la Farman erhielten im Gegensatz dazu aufgrund der zahlreichen Streben den Spitznamen „fliegende Drahthindernisse", besaßen aber ohne Zweifel eine hohe Tragfähigkeit und Stabilität und gewährten hervorragende Sichtbedingungen.

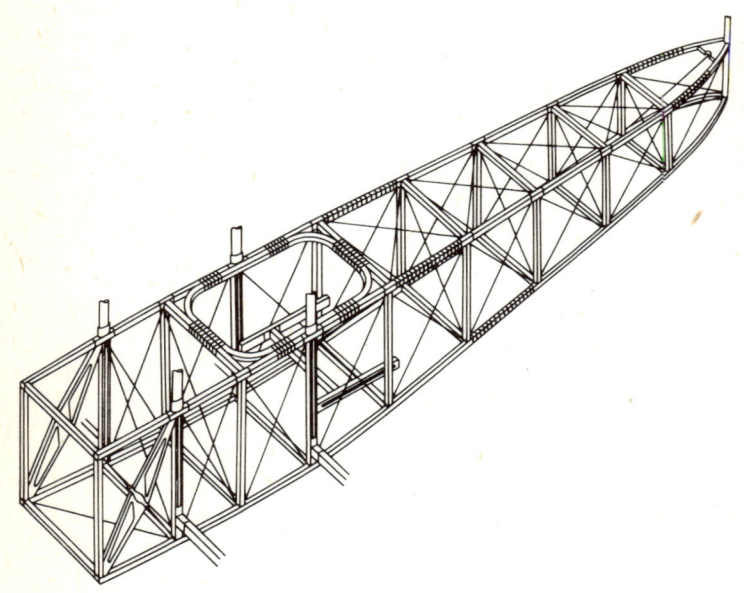

Holzfachwerkkonstruktion des Rumpfes aus der Zeit um 1915.

Bei der damaligen Gefahr, die Flugzeuge nach der Landung „auf die Nase" zu kippen, war die Unterbringung der Besatzung im Vorderteil nicht sehr günstig. Doch boten mächtige Kufen, die vorn herausragten, Schutz. Kufen dieser Art wiesen auch einige Eindecker auf; sie verschwanden erst mit der Zeit.

Die deutsche Konstrukteurschule und auch die Briten entwickelten frühzeitig die klassische Lösung der Doppeldecker mit einem Rumpf, einer Zugschraube sowie Pilotensitzen hinter oder unter der Tragfläche. Diese Form wurde allmählich zur meistbenutzten. Die USA spielten zu dieser Zeit in der Luftfahrt eine geringe Rolle. Die Konzeption der Gebrüder Wright veraltete schnell und verschwand wieder. Von den amerikanischen Flugpionieren wurde noch Glenn Curtiss bekannt, vor allem durch seine erfolgreichen Wasserflugzeuge mit einem oder zwei Schwimmern. In den meisten am Meer liegenden Staaten tauchten auch die ersten Flugboote auf, d. h. Flugzeuge mit einem Bootsrumpf und der gewohnten Anordnung des Tragwerkes. Sie bewährten sich bestens.

Das Baumaterial für die meisten Flugzeuge war Holz in Form von Leisten, Sperrholzplatten und Furnieren, meistenteils Fichte oder Kiefer, daneben aber auch Tanne. Häufig verwendete man auch Bambus. Vereinzelt sah man Flugzeugrümpfe aus vernieteten oder verschraubten Stahlrohren; mit dem Schweißen hatte man noch keine Erfahrung, und Schwierigkeiten bereiteten die unerwünschten Spannungen an den verschweißten Rohren sowie deren Rissigkeit. Aluminium als Konstruktionsmaterial wurde erprobt, es erwies sich jedoch als zu spröde. Es bewährte sich später hauptsächlich bei Motorhauben, wie sie vor allem bei Umlaufmotoren erforderlich waren: Sie schützten den Piloten vor dem reichlich abspritzenden Öl. Zudem war Aluminium in dieser Zeit zu teuer. Die Flugzeugverkleidung bildete vorwiegend fester und glatter Stoff, der mit verschiedenen ver-

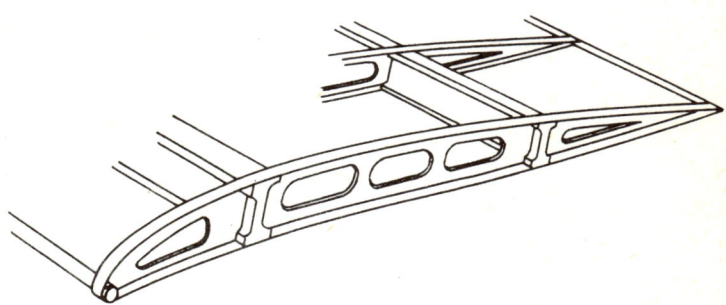

Konstruktion des Holzgerüstes eines Flügels.

schließenden und Imprägnierlacken getränkt war. Die Rümpfe besaßen vielfach eine Sperrholzbeplankung. Das ganze Flugzeug umgab gewöhnlich ein ziemlich großes Gewirr aus Versteifungen und Streben, die für eine ausreichende Festigkeit des Trag- und Fahrwerkes, des Anschlusses der Schwanzflächen u. ä. sorgten.

Der erste Weltkrieg stimulierte den Flugzeugbau, und die Leistungen der Flugzeuge aller Kategorien stiegen sichtlich an. Erhöht wurde besonders die Motorleistung: 160 bis 200 kW (220 bis 300 PS) gehörten gegen Kriegsende zum Standard. Dabei verlängerte sich auch die Lebensdauer der Motoren grundlegend, und ihre Zuverlässigkeit nahm zu.

Das bot die Möglichkeit, die Flugzeuge nach ihrer Zweckbestimmung deutlich zu differenzieren. Während des Krieges wurden beispielsweise Jagdflugzeuge, bestimmt zur Vernichtung gegnerischer Flugzeuge, entwickelt. Die Aufklärungsmaschinen, die Informationen über die Vorbereitung und den Verlauf von Gefechten sammelten, wurden durch Langstreckenflugzeuge unterstützt, die imstande waren, ins Hinterland des Feindes einzudringen und militärisch wichtige Objekte in erster Linie fotografisch zu erfassen. Es entstanden Wasserflugzeuge, mit deren Hilfe man eine gegen Über- und Unterwasserboote gerichtete Aufklärung auch in beträchtlicher Entfernung vom Ufer betreiben konnte. Nach den ersten zögernden Versuchen entwickelte man auch spezielle Bombenflugzeuge. Einmotorige Maschinen griffen bestimmte Frontabschnitte an und erfüllten taktische Aufgaben, zweimotorige drangen tiefer in das Hinterland des Feindes ein und überfielen sogar Orte in einer Entfernung von der Front, in der man in den bisherigen Kriegen unbehelligt von den Kämpfen geblieben war. Noch tiefer drangen die sogenannten Riesenflugzeuge mit vier und mehr Motoren vor.

Hier entstanden nun Diskrepanzen zwischen den Möglichkeiten der Flugzeugkonstrukteure und der Motorenbauer. Große Maschinen verlangten entsprechend hohe Motorenleistungen, die nur durch eine größere Zahl von Triebwerkeinheiten erreicht werden konnten. In Deutschland entstanden fünf- und mehrmotorige Maschinen, aber die zu komplizierte Installation, die sehr große Masse und häufige Störungen wirkten sich hinderlich aus.

ZIVILFLUGZEUGE NACH DEM ERSTEN WELTKRIEG

Im Jahre 1919, also nach Beendigung des Krieges, gab es Hunderte über-
flüssiger Flugzeuge mit einem hohen technischen Standard sowie Tausen-
de von Piloten, Navigatoren, Mechanikern und weiteren Mitgliedern des
fliegenden und Bodenpersonals. Was sollte mit ihnen geschehen? Die
technische Entwicklung des Flugwesens und auch die politische Entwicklung waren so weit gediehen, daß sie für friedliche Zwecke, vor allem zum
Transport eingesetzt werden konnten.

In den meisten Staaten begann man kurz nach dem Krieg mit der Beförderung von Personen und Gütern zwischen den großen Städten auf eilig
umgerüsteten ehemaligen Militärmaschinen. In den Werkstätten wurden
die bislang eher spartanisch eingerichteten Gefechtskabinen so ausgestattet, daß sie einigen wenigen Passagieren zumindest eine gewisse Bequemlichkeit boten.

Das Interesse war groß, doch die instandgesetzten Militärmaschinen
genügten schon bald nicht mehr, weder in ihrer Kapazität noch in bezug
auf die Wirtschaftlichkeit des Transports. Es ergab sich die Notwendigkeit,
spezielle Verkehrsmaschinen zu konstruieren, bei denen die Zahl der Passagiere, die Post- und Güterlast sowie die Leistung und die Lebensdauer
der Motoren und der Treibstoffverbrauch ausgewogen waren. Denn es
zeigte sich, daß der große Bedarf an Passagierbeförderung nicht genügte,
die Transportkosten zu decken. Die einzige Lösung waren staatliche Zu-
wendungen oder überhaupt ein staatliches Luftverkehrsunternehmen. In
diesem Falle deckte der Staat das eventuelle Defizit dieses jüngsten Ver-
kehrszweiges, von dessen Aufrechterhaltung auch das Prestige jedes entwickelten Staates abhing. Die Verkehrsflugzeugentwicklung entfernte sich
immer mehr von der der Militärflugzeuge und entwickelte sich zu einer
selbständigen und anspruchsvollen Kategorie.

Nach dem Krieg strömten Hunderte von begeisterten Menschen auf die
Flugplätze, um das Fliegen zu erlernen. Hinderlich war jedoch, daß selbst
die schwächsten Militärmaschinen nicht für jedermann für Übungsflüge
geeignet waren, was den Preis und die Betriebskosten betraf. Dank der
Gründung von Aeroklubs jedoch konnten die Mittel zur Sportfliegerei in
gewissem Maße bereitgestellt werden.

Viele glaubten damals, es würde die Zeit kommen, da jeder über ein
eigenes „persönliches" Flugzeug verfügen könne, billig beim Erwerb und
im Unterhalt, aber vor allem sehr einfach in der Beherrschung. Die Kleinst-
sportflugzeuge vom Anfang der zwanziger Jahre haben sich jedoch nicht
bewährt – sie waren zu zerbrechlich. Die einzige Lösung waren grundsätzlich solidere Sportmaschinen mit Motoren von mindestens 44 kW (60 PS).
Erst sie ermöglichten eine Sportfliegerei in größerem Umfang, wenn auch

zumeist auf der Grundlage von Aeroklubs. Der persönliche Besitz eines Flugzeuges blieb weiterhin den höchsten Kreisen der Gesellschaft vorbehalten.

Eine weitere Kategorie der Zivilflugzeuge waren die Hochleistungsmaschinen. Die internationale Luftfahrtföderation FAI mit Sitz in Paris veröffentlichte die Bedingungen zur Anerkennung von Weltrekorden in bezug auf Geschwindigkeit, Weite und Höhe von Flügen. Die meisten renommierten Flugzeugfabriken widmeten sich – gewöhnlich mit staatlicher Unterstützung – der Entwicklung spezieller Flugzeuge, die diese Rekorde erreichen, aber auch die ersten Plätze in den berühmtesten und populärsten Flugwettbewerben, vor allem den Geschwindigkeitswettbewerben belegen sollten. Die Preise dafür stifteten die großen Industriellen oder Unternehmer, nach denen sie benannt wurden.

Es ging jedoch nicht allein um die Preise, wenngleich sie hinsichtlich der weiteren Entwicklung der Luftfahrt nicht zu unterschätzen waren, sondern vor allem um das Prestige und den Fortschritt in der Flugtechnik. Am beliebtesten waren verständlicherweise die Geschwindigkeitswettbewerbe und -rekorde, weil die Geschwindigkeit einer angeborenen menschlichen Sehnsucht entspricht. Schon sehr früh reichten die üblichen Start- und Landeflächen auf dem Festland nicht mehr aus, weil Flugzeuge mit derartigen Geschwindigkeitsparametern ständig längere Bahnen verlangten. Am günstigsten war es, auf großen Flüssen, Seen oder an Meeresküsten ausreichend große Start- und Landeflächen anzulegen. Der Luftwiderstand, der sich durch die Schwimmer erhöhte, mußte durch leistungsfähigere Motoren und eine vollkommenere aerodynamische Gestaltung kompensiert werden.

Bald veränderte sich auch die Konstruktion der „gewöhnlichen" Transport- und Sportflugzeuge. Schon die allernächste Zeit zeigte, daß dickere Tragflächenprofile aerodynamisch günstiger als die bisher üblichen dünnen und gekrümmten vogelähnlichen Flügel waren. Sie allerdings praktisch zu nutzen, wagten nur wenige Konstrukteure, weil dies bedeutete, einen neuen, bisher unbekannten Weg zu beschreiten.

Dickere Profile machten es möglich, die Absteifungen unter der Oberfläche zu verbergen und die Flügel freitragend, ohne äußere Streben und Versteifungen zu bauen. Solche Flugzeuge waren schneller und sparsamer im Treibstoffverbrauch. Sie zu konstruieren wagte man vor allem in Deutschland, wo man eine während des Krieges gewonnene Erkenntnis nutzte. Als Baumaterial wurde Dural verwendet, eine Legierung aus Aluminium und anderen Buntmetallen, die sich durch die gleiche Leichtigkeit wie Aluminium bei höherer Festigkeit auszeichnete. Die Firma Junkers verkleidete ihre Flugzeuge mit gewelltem Duralblech, das es ermöglichte, die Innenkonstruktionen um den Preis eines erhöhten Reibungswiderstandes an der gewellten Fläche einfacher zu gestalten. Dornier und Rohrbach benutzten glatte Bleche.

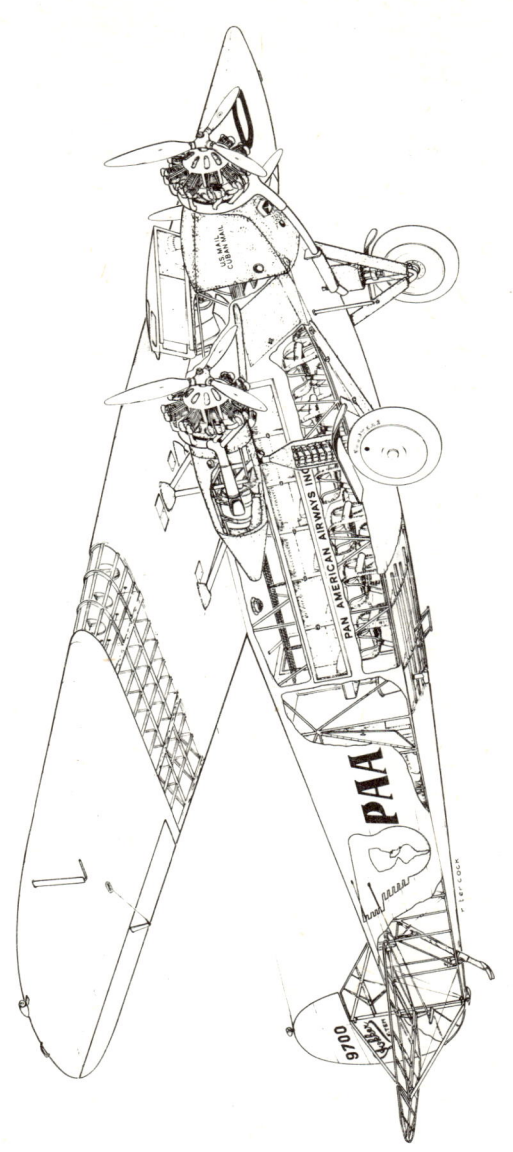

Schnitt durch ein Flugzeug vom Typ Fokker F-10 (die F-VII B-3m ist ähnlich).

In der UdSSR entstand ebenfalls eine Schule von Konstrukteuren von Ganzmetallflugzeugen, die unter der Leitung von A. N. Tupolew gewelltes Duralblech verarbeitete. Die holländische Firma Fokker vertraute wiederum den freitragenden Flügeln aus Holz; man kombinierte sie mit einem Rumpf, dessen Gerüst aus Stahlrohren geschweißt und mit Stoff bespannt war. Die Idee, Stahlrohre zu verschweißen, übernahmen von dieser Firma noch andere, und diese Kombination von Holzflügeln und Rohrrumpf, gemischte Konstruktion genannt, war bis Mitte der dreißiger Jahre die verbreitetste in der Welt.

Die Formen der Flugzeuge wurden allmählich vervollkommnet, abgerundet und eleganter, denn die Kenntnisse der Aerodynamik und ihrer praktischen Nutzung nahmen zu. Es ging darum, unter Beibehaltung guter Start- und Landeeigenschaften eine möglichst hohe Geschwindigkeit und Reichweite zu sichern. Das war nicht einfach, handelte es sich hier doch um gegensätzliche Anforderungen. In der Luftfahrt mußten jedoch ständig Kompromisse zwischen Ziel und realen Möglichkeiten gefunden werden.

In Europa wurden nach dem ersten Weltkrieg eine Reihe von Verkehrsgesellschaften gegründet, deren Namen und Leistungen in den folgenden Teilen dieses Buches noch erwähnt werden. In den USA entwickelte sich die zivile Luftfahrt nur sehr langsam. Der Grund dafür lag bei den sogenannten Barnstormers. Das waren zumeist Militärpiloten, die ausgesonderte Militärflugzeuge kauften und auf ihnen in Städten und Dörfern ihre Flugkünste zeigten. Sie vollführten dabei Kunststücke, von denen die Zuschauer zwar hellauf begeistert waren, die sie aber gleichzeitig mit Furcht vor dem Fliegen erfüllten. In jenen Jahren existierte in den USA fast noch kein Personenluftverkehr, der Postlufttransport über den gesamten Kontinent funktionierte hingegen ausgezeichnet. Ein einziger Transatlantikflug jedoch, ausgeführt von dem Amerikaner Charles Lindbergh im Jahre 1927, brach gleichsam das Eis. Sozusagen über Nacht entstand in den USA ein Personenluftverkehr größeren Umfangs, er nahm in den Jahren der Konjunktur vor der Weltwirtschaftskrise einen gewaltigen Aufschwung. Immer neue Gesellschaften entstanden, einige arbeiteten sehr erfolgreich und erhielten staatliche Unterstützung für den Posttransport, andere machten Bankrott. Vor allem aber stieg der Bedarf an leistungsfähigen Flugzeugen, und dies führte unter den Bedingungen der scharfen Konkurrenz zu einer erstaunlich beschleunigten Entwicklung neuer Flugzeugtypen mit ausgeprägten Neuerungen. Und da bei den amerikanischen Unternehmen in jener Zeit keine bedeutenderen militärischen Aufträge eingingen, widmeten sie den größten Teil ihrer Kapazität den Verkehrsmaschinen.

Aus den USA kamen daher Anfang der dreißiger Jahre neue Konzeptionen für Transportflugzeuge. Es waren bereits ausnahmslos freitragende Ganzmetalltiefdecker aus Alclad, einer amerikanischen Variante des Dural. Bei der Konstruktion setzte sich die sogenannte Schalenbauweise durch, bei der mit Hilfe eines Systems von Spanten, Holmen und Bespannungen eine ausreichend kompakte Rumpfschale ohne innere Versteifungen und Streben geschaffen wurde. Dadurch wurde Nutzraum für Passagiere und Lasten in einem bis dahin ungewöhnlichen Umfang frei. Die Kabinen für die Besatzung waren bereits ganz geschlossen, und die Wände der Transportkabinen hatte man wirksam wärme- und schallisoliert. Die Maschinen kalkulierte man hinsichtlich ihrer Transportkapazität sorgfältig aus, so daß ihr Betrieb höchst ökonomisch erfolgen konnte.

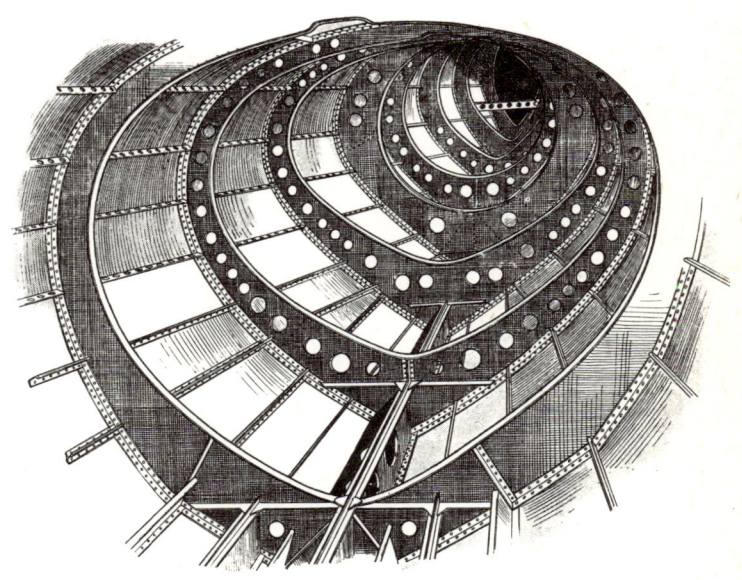

Ganzmetallkonstruktion eines Schalenrumpfes.

Dazu trugen auch die neuen Motorkonzeptionen bei – durchweg luftgekühlte Sternmotoren mit eingebauten mechanischen Kompressoren. Sternmotoren baute man bereits seit Anfang der zwanziger Jahre als Stand-, nicht als Umlaufmotoren, aber erst die amerikanischen Firmen entwickelten dieses Konstruktionsprinzip auf ein hohes Niveau. Aufgrund der Verwendung von Leichtmetallen verringerte sich die Masse. Das Verhältnis von Masse zu Leistung erreichte nicht nur 1 : 1, sondern fiel schließlich rapide unter 1 kg je 1 PS (0,753 kW) Leistung. Die Motoren baute man unter einer Ringhaube ein, die den Luftwiderstand verringerte und zur Regulierung der Kühlung beitrug. Die Luftschrauben erfuhren ebenfalls eine Veränderung. Die bisherigen starren Luftschraubenblätter wurden durch verstellbare abgelöst, die zunächst manuell, später vollautomatisch entsprechend der Drehzahl, bedient wurden. Dank dieser Einrichtung besaß die Luftschraube in jedem Falle den höchsten Wirkungsgrad, sei es beim Start, beim Steigen oder beim geraden Flug.

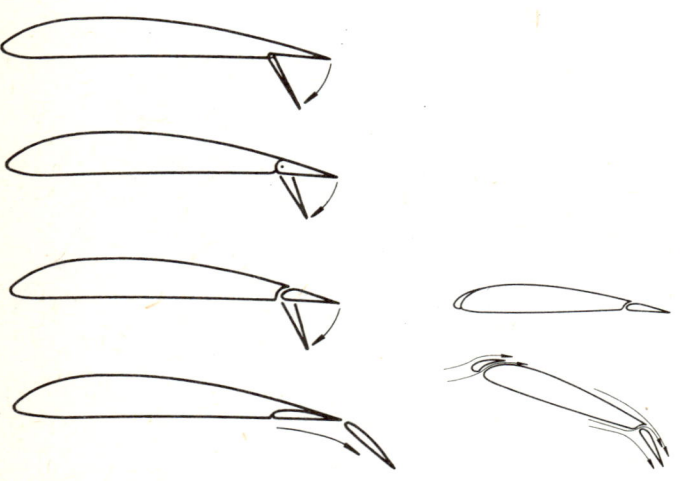

Landeklappen. Von oben: Spreizklappen; klassische Landeklappe; Spaltklappe; Fowler-Klappe.

Funktion des Vorflügels in Kombination mit der Landeklappe. Oben im Schnellflug, unten beim Kurzstart oder bei der Landung.

Weitere Fortschritte in der Aerodynamik brachten die sogenannten Landeklappen. Es gab verschiedene Typen, die aber grundsätzlich die gleiche Aufgabe erfüllten. Beim Landen des Flugzeuges wurden sie von der Hinterfläche des Flügels nach unten geklappt, sie krümmten oder wölbten gleichsam das Flügelprofil. In einem solchen Falle zeigte der Flügel einen hohen Auftrieb auch bei relativ kleiner Vorwärtsgeschwindigkeit, die die Landeklappen dank des erhöhten Luftwiderstandes gleichzeitig wirksam verringerten. Dadurch konnte die Maschine bei verringerter Geschwindigkeit und auf einer wesentlich kürzeren Piste sicher landen. Wirksame Bremsen an den Rädern sollten den Auslauf des Flugzeuges auf der Erde weiter verkürzen. Die Landeklappen, bei den modernen Flugzeugen seit Anfang der dreißiger Jahre üblich, gehören bis heute zu den besten Hilfen für den Piloten. Mit der Zeit weitete sich ihre Funktion auch auf die Hilfe beim Start aus. In diesem Falle versetzt man die Klappen um einen kleinen Winkel nach unten, und der Auftrieb erhöht sich bei geringem Anstieg des Widerstandes. Das Flugzeug löst sich so leichter vom Boden. Zur Zeit der Oldtimer benutzte man die Landeklappen vor allem beim Landen. Zur Verkürzung des Starts verwendete man sie nur bei den modernsten schweren Typen und dann regelmäßig bei Maschinen mit Gasturbinen.

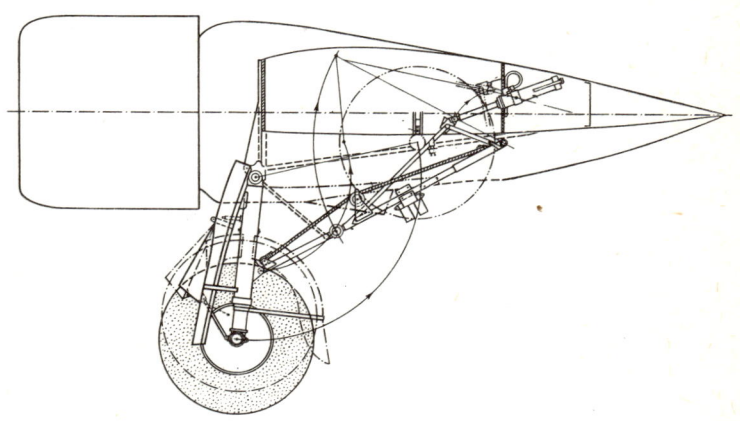

Schema des Einziehens des Fahrgestells in die Motorengondel.

Zur Vervollkommnung der aerodynamischen Form der Flugzeuge trugen zu Beginn der dreißiger Jahre ebenfalls die einziehbaren Fahrgestelle bei. Bisher hatten die starren und mit zahlreichen Streben und Versteifungen versehenen Fahrgestelle nur den Luftwiderstand erhöht, wogegen die Konstrukteure lange Zeit keinen Rat wußten. Seit geraumer Zeit versuchten sie zwar schon, die Fahrgestelle einziehbar zu gestalten, sie stießen dabei aber auf technische Schwierigkeiten und auf das Problem einer enormen Massenerhöhung. Die Lösung lag in hydraulisch arbeitenden Zylindern oder Elektromotoren, und die einziehbaren Fahrgestelle arbeiteten zur vollen Zufriedenheit und senkten den Luftwiderstand spürbar.

Diese neue Konstruktionsrichtung von Transportflugzeugen wurde vor allem von der Firma Douglas vertreten, und zwar durch die DC-2 und die DC-3. Besonders die DC-3 brachte neue ökonomische und Leistungsparameter in den Flugverkehr und setzte sich praktisch in der ganzen Welt durch. Auf dem Gebiet der Transportflugzeuge verwandelte sich die Rückständigkeit der Amerikaner aus den zwanziger Jahren im folgenden Jahrzehnt in einen beträchtlichen Vorsprung. Europa folgte zwar im gleichen Bestreben, aber mit bedeutender Verspätung und erreichte mit eigenen Konstruktionen nie die Eigenschaften und Leistungen der DC-3. Die amerikanische Welle der Modernisierung entschied die lange ungelöste Frage, ob Doppeldecker oder Eindecker günstiger sind. Die Vorzüge der Eindecker lagen auf der Hand.

Schnitt durch ein Flugboot vom Typ Short S–23 C Empire Class.

In der Verkehrsluftfahrt strebte man am Ende der dreißiger Jahre danach, die Zahl der transportierten Passagiere auf den wichtigsten Linien zu erhöhen, somit hohe Transportleistungen zu erreichen, dem ständig wachsenden Interesse der Öffentlichkeit an Flugverbindungen innerhalb der Staaten und über sie hinaus zu entsprechen und nicht zuletzt angesichts der höheren Kosten auch ökonomischere Ergebnisse zu erzielen. War bei der DC-3 die optimale Zahl der Passagiere 21, ging es bei den neuen Maschinen um fast die doppelte Anzahl. Die Flugzeuge vom Ende der dreißiger Jahre waren bereits viermotorig, mit bequemen Kabinen ausgestattet und ermöglichten eine Bedienung der Passagiere während des Fluges auf hohem Niveau.

Es gab Bestrebungen, den Luftverkehr auf eine größere Höhe als die bisher gewohnten etwa 2 000 m zu bringen. Ein in 4 000 bis 6 000 m Höhe verlaufender Flug ginge nach Vermutungen der Konstrukteure und künftigen Betreiber in einer dünneren Luft und folglich bei wesentlich verringertem Luftwiderstand vonstatten. Daraus resultierte ein angenommener geringerer Treibstoffverbrauch. Für die Passagiere war ein solcher Flug ebenfalls günstig, weil man sich dabei über dem Niveau der häufigsten atmosphärischen Störungen bewegte. Gelöst werden mußten zuvor allerdings die Probleme des verringerten Luftdrucks, der sehr niedrigen Temperaturen sowie des Sauerstoffmangels. Als am besten geeignet erwiesen sich Überdruckkabinen für die Besatzung und die Passagiere. Ein System von Kompressoren und eine Klimaanlage hielten in Höhen von etwa 6 000 m im abgedichteten und festerem Raum des Rumpfes einen Druck aufrecht, der dem in 1 800 m Höhe entsprach, so daß die Passagiere die Druckveränderung während des Fluges kaum spürten. Heute ist eine solche Anlage im Luftverkehr üblich und ermöglicht es, in wesentlich größeren Höhen zu fliegen, aber Ende der dreißiger Jahre galt die amerikanische Maschine vom Typ Boeing 307 Stratoliner als einzigartig in der Welt. Es mußten natürlich Motoren mit Kompressor verwendet werden, um in so großen Höhen eine ausreichende Leistung zu erzielen, aber das ließ sich zu der Zeit technisch schon bewältigen.

Neben den Landflugzeugen für Transportzwecke durchliefen auch die Seeverkehrsflugzeuge eine schnelle Entwicklung, besonders diejenigen, die für Langstreckenflüge zwischen den Kontinenten bestimmt waren. Aus den Beschreibungen einzelner Typen ist zu sehen, wie allmählich die Flüge zwischen Europa und den beiden Amerikas, in Richtung Osten nach Indien, Japan und Australien sowie im Süden nach Afrika verwirklicht wurden.

Der Charakter dieser Linien verlangte die Benutzung von Flugzeugen, die auf dem Wasser starten und landen konnten, von dem es auf der Reiseroute genügend gab. Darüber hinaus mußte das Flugzeug über die Möglichkeit verfügen, notfalls auf der Wasseroberfläche aufzusetzen und so lange zu schwimmen, bis die herbeigerufene Hilfe kam.

Großbritannien, Frankreich, Deutschland und die USA taten sehr viel für die Vervollkommnung des Luftverkehrs auf den interkontinentalen Linien. Dieses Streben gipfelte in den Flugverbindungen der USA mit Australien und China Mitte der dreißiger Jahre sowie zwischen Europa und den USA gegen Ende dieses Jahrzehnts. So riesige Strecken zu überwinden und dabei den Passagieren außer der Geschwindigkeit auch noch einen gewissen Komfort zu bieten, war ein echter Triumph der Flugzeugtechnik. Auch die britische Flugverbindung nach dem Fernen Osten, nach Australien und Afrika muß man ganz einfach bewundern.

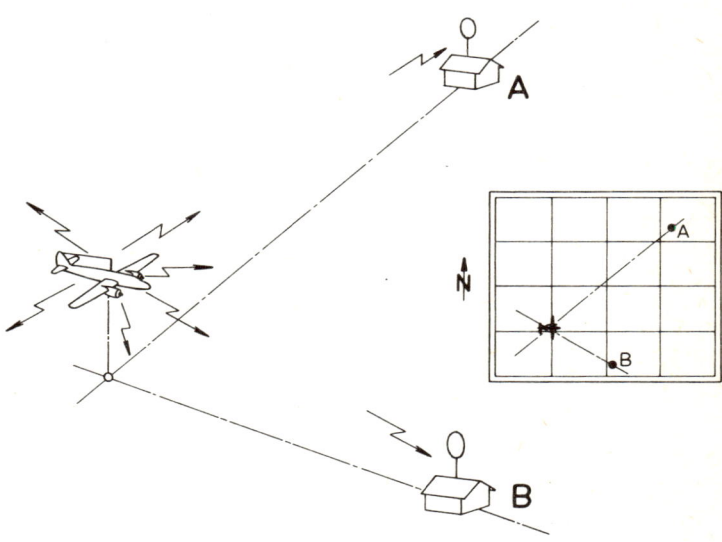

Schema der radiogoniometrischen Leitung des Flugzeuges. Die Stationen A und B peilen die Richtung an, aus der das Flugzeug sendet, und die Leitstelle wertet auf einer Karte die tatsächliche Lage des Flugzeuges aus.

Die Entwicklung der Transportflugzeuge war nicht allein auf die Maschinen, ihre Motoren und Propeller gerichtet. Es ging auch um die Sicherung des Fluges, um Informationen, die dem Piloten während der ganzen Zeit einen Überblick verschaffen konnten. In den Anfangszeiten des Luftverkehrs hatten es die Flugzeugführer nicht leicht. Gewöhnlich mußten sie mit Kompaß, Höhenmesser und einem guten Auge beim Vergleich von Landschaft und Karte auskommen. Man flog natürlich „langsam und niedrig", was jedoch nicht immer auch sicher bedeutete. Gerade der langsame Flug in geringer Höhe barg zahlreiche Gefahren in sich.

Man begann jedoch auch mit Nachtflügen, vor allem auf Linien, die mit einem System von Leitleuchtfeuern ausgestattet waren. Besonders in den USA erreichte man in dieser Beziehung bei der transkontinentalen Flugpost gute Ergebnisse. Die Flugzeuge wurden allmählich mit weiteren Geräten ausgestattet, die die Besatzung über die Lage der Maschine während des Fluges, die Richtung und die Höhe des Fluges, den Zustand des Motors, die Menge des Treibstoffs, des Öls usw. informierten. In den zwanziger Jahren wurde die Funkverbindung zwischen dem Flugzeug und dem Flugplatz eingeführt, die am Ende des Jahrzehnts von der Radiophonie abgelöst wurde.

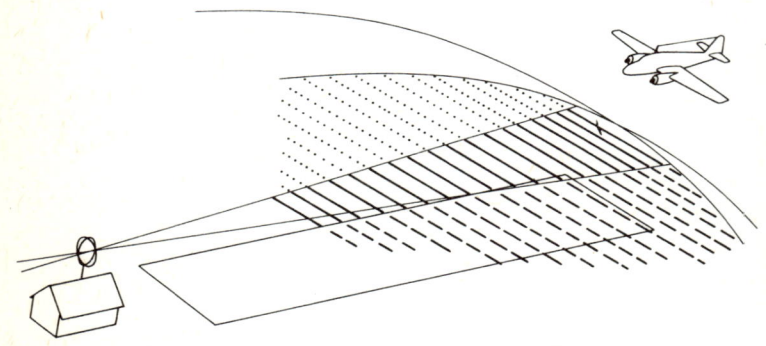

Schema des Lorenzschen Annäherungssystems. Vom Zielflugplatz werden zwei Felder ausgestrahlt, eines besteht aus kurzen und ein anderes aus langen Tönen. In der Richtung des anfliegenden Flugzeuges fließen sie zu einem ununterbrochenen Ton zusammen, der dem Navigator hilft, richtig zum Flugplatz zu führen.

Zu Beginn der dreißiger Jahre erhielten die Piloten von Transportflugzeugen, vor allem auf langen Strecken, einen bedeutenden Gehilfen. Es war der sogenannte Autopilot oder Flugregler (um seine Entwicklung hat sich die amerikanische Firma Sperry verdient gemacht). Er arbeitete nach dem Prinzip eines Kreisels, der auf eine hohe Umdrehungszahl gebracht wird. Von diesem ist bekannt, daß er nicht aus der ursprünglichen Lage ausbricht. Der Autopilot ist ebenfalls ein solcher Kreisel, und zwar so rotierend, daß er die gewünschte Flugrichtung und -höhe aufrecht erhält. Sobald das Flugzeug durch einen Windstoß auszubrechen droht, beginnt es dieser Kreisel daran zu hindern, er sendet Impulse aus, wodurch die Lage des Flugzeuges stabilisiert wird, und zwar ohne Eingreifen des Piloten. Dieser muß allerdings notfalls den Autopiloten augenblicklich ausschalten und selbst in die Steuerung eingreifen. Einem Autopiloten die Steuerung anzuvertrauen war und ist auch heute bei langen Überflügen auf jeden Fall sehr günstig.

Das Funkgerät an Bord des Flugzeuges konnte auch für die sogenannte goniometrische Feststellung der Lage des Flugzeuges benutzt werden. Die Signale aus dem Flugzeug wurden von zwei Bodenstationen empfangen, die die Richtung feststellten, aus der der Empfang am besten war und aus der also das Flugzeug sendete. Wo sich die Richtungen von beiden Stationen auf der Karte kreuzten, befand sich in dem Augenblick das Flugzeug. Diese Information wiederum übermittelten die Bodenstationen dem Bordfunker. Der Peilfunk bedeutete eine große Hilfe. Auch die Richtantennen am Flugzeug wurden verwendet. Der Funker drehte sie so, daß er die Richtung der sogenannten Lenkstation auf dem Zielflugplatz erhielt. Diese Richtung behielt der Pilot weiterhin bei und bekam über dem Flugplatz dadurch die sicherste Bahn. Bei Dunkelheit wurde für ihn zusätzlich der Flugplatz erleuchtet, und der Pilot konnte landen.

Die letzte Verbesserung der Systeme, die die Funktechnik nutzten, war vor dem Krieg das Lorenzsche Annäherungssystem. Vom Zielflugplatz sendete eine Antenne in die vermutliche Richtung des nahenden Flugzeuges zwei Sendefelder, die sich an den Rändern gegenseitig leicht überlagerten. Dieser überdeckte Rand bildete die Hauptachse der Sendung, die auf den Kurs des sich nähernden Flugzeuges gerichtet war. In einem Feld waren nur kurze, im anderen nur lange Töne zu hören. In den sich überlagernden Achsen verbanden sich die Signale zu einem ununterbrochenen Ton. Sobald der Navigator des Flugzeuges eines der Signale auffing, wußte er, auf welcher Seite die Sendeachse liegt, und konnte dem Piloten einen Hinweis zur Kurskorrektur geben. Gelang es dem Piloten, das Flugzeug so zu steuern, daß er einen Dauerton empfing, dann befand er sich auf dem richtigen Weg und wurde bis in Sichtweite des erleuchteten Flugplatzes geführt.

Die genannten Systeme besaßen zwar für ihre Zeit eine bemerkenswerte Reife, führten aber bei weitem noch nicht dazu, daß auch unter schlechten Wetterbedingungen geflogen werden konnte. Deshalb wurde in der Winterzeit der Luftverkehr entweder stark eingeschränkt oder aber ganz ausgesetzt; viele Witterungserscheinungen im Laufe des Jahres, die heute für das Flugwesen keine Probleme darstellen, führten damals noch zum Flugverbot . Überhaupt befand sich die Nutzung der Flugzeuge im Hinblick auf die Flugstunden pro Jahr vor dem zweiten Weltkrieg auf einem recht niedrigen Niveau.

Parallel zum Fortschritt im Luftverkehr mußte natürlich auch der Flugplatz und seine Ausstattung vervollkommnet werden. Wo in den zwanziger

1 – Bordbatterie
2 – Notausstieg
3 – äußere Stoffbespannung an der leichten Formkarosserie
4 – Gepäckraum
5 – Sperrholzbeplankung der Rumpfoberseite
6 – Stoffbespannung des Rumpfes
7 – innere Sperrholzbeplankung an der Fachwerkkonstruktion
8 – Holzfachwerkkonstruktion
9 – Toilette
10 – pneumatische Arbeitszylinder zur Betätigung der Landeklappen
11 – Aufhängungen der Landeklappen
12 – Sicherung des Fahrwerkes in ausgefahrener Stellung
13 – Ölbehäler
14 – Brandschutzscheidewand hinter dem Motor
15 – Verbindung von Flügeln und Rumpf
16 – durchlaufender Holm unter dem Rumpf
17 – Motor de Havilland Gipsy Six
18 – Treibstofftankverschluß
19 – Steuerung des Flugzeuges
20 – Preßluftflasche

A – pneumatische Arbeitszylinder zur Betätigung des Fahrwerkes
B – Hebel zur Betätigung des Fahrwerkes
C – Treibstofftank im Flügel

Jahren ein kleines Gebäude und ein Hangar aus Holz auf einer Grasfläche genügten, verlangte der zunehmende Verkehr in den dreißiger Jahren schon umfangreichere Gebäude, sowohl für die Verwaltung und den Abfertigungsdienst als auch für Werkstätten, für den Funkdienst, das Goniometer und andere Sicherungsanlagen. Die Rasenflächen wurden gegen Ende der dreißiger Jahre allgemein durch bis zu 1 200 m lange Betonpisten ersetzt.

In den frühen Zeiten, als die Passagiere noch in offenen Kabinen flogen, gehörte es zum Dienst der Gesellschaften, sie mit Pelzen, Schals und Schapkas auszustatten und ihnen einen Schluck eines scharfen Getränks zum Aufwärmen und zur „Bekämpfung der Angst" zu verabreichen. Diese Pionierzeit dauerte nicht lange, und die Gesellschaften traten in einen regelrechten Wettbewerb um den höchsten Komfort bei ihren Flügen. Schon an der Schwelle der zwanziger Jahre versorgten viele Gesellschaften ihre Fluggäste mit einem Imkißkorb für die Reise; von 1930 an tauchte zunächst in den USA und später auch in anderen Ländern an Bord der Flugzeuge Personal zur Versorgung der Passagiere mit Erfrischungen und zur Unterhaltung während des Fluges auf.

Hand in Hand mit der Entwicklung der großen Verkehrsmaschinen lief die Entwicklung von Sportflugzeugen. Auch sie wurden im Hinblick auf ihre aerodynamische Gestaltung, die Technoloie ihrer Herstellung und die Lei-

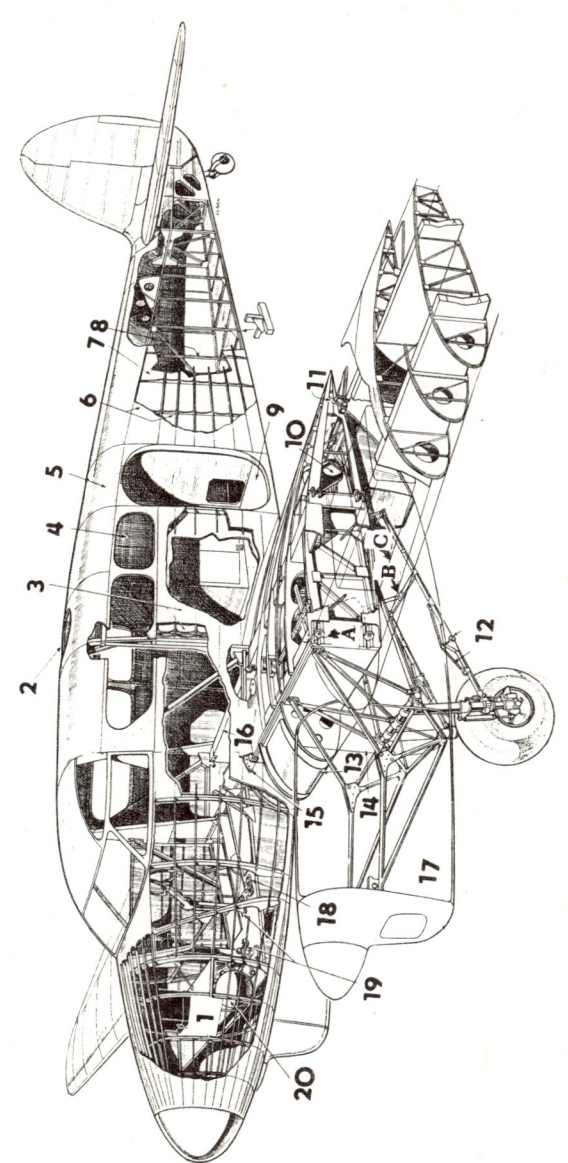

Schnitt durch ein kleines Verkehrsflugzeug vom Typ Percival Q–6 (P–16) aus der Mitte der dreißiger Jahre.

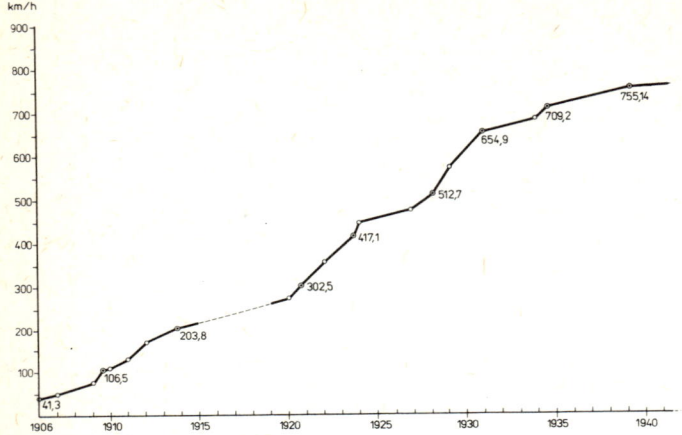

Graphik zur Entwicklung des Geschwindigkeitsweltrekords.

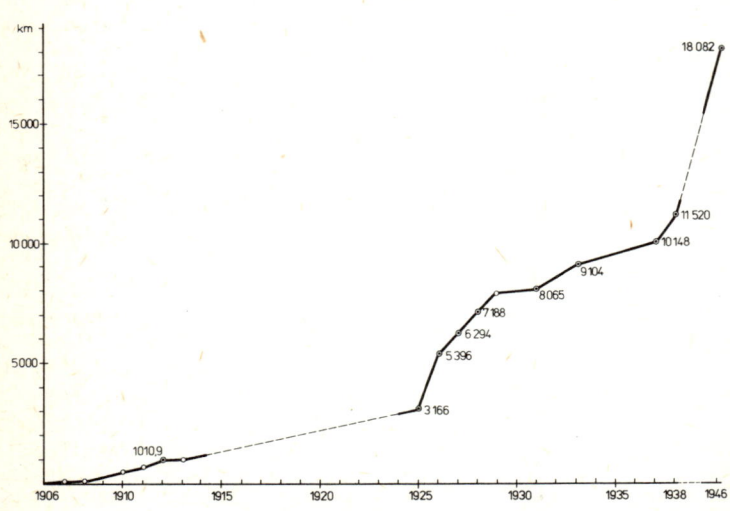

Graphik zur Entwicklung des Streckenweltrekords.

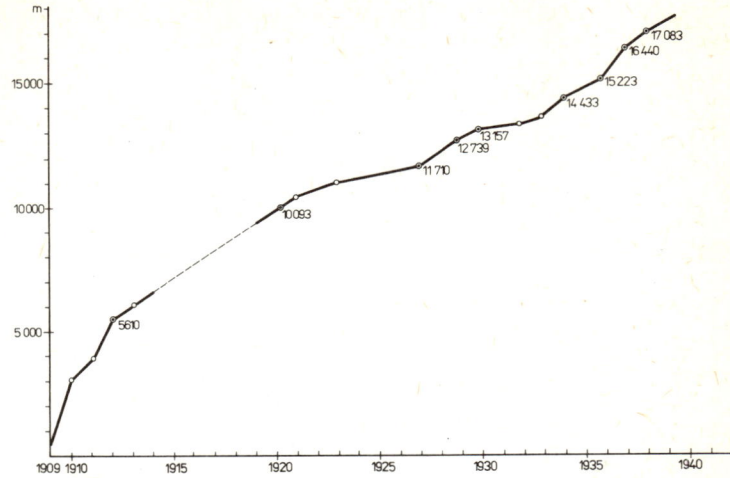

Graphik zur Entwicklung des Höhenweltrekords.
(In allen drei Graphiken sind die Leistungen von Flugzeugen mit Kolbenmotoren erfaßt).

stung modernisiert. Ein starker Impuls für die Sportflugzeuge waren die sogenannten luftgekühlten Hängemotoren, gewöhnlich mit vier bis sechs Zylindern, die aus dem Kurbelgehäuse ragten. Sie brachten eine Leistung von 44 bis 120 kW (60 bis 160 PS), waren sehr gut verkleidet und gekühlt.

In den USA vertraute man wiederum den sogenannten Boxern, d. h. flachen luftgekühlten Motoren mit gegenläufigen Zylindern. Die Kolben in den gegenüberliegenden Zylindern führten eine Bewegung wie die Fäuste der Boxer aus – daher die Bezeichnung. Diese flachen Motoren waren relativ klein, hervorragend gekühlt und verkleidet und übertrafen in der späteren Entwicklung die Reihen-Hängemotoren in der Anzahl der Zylinder (bis acht) sowie in der Leistung.

Die Sportflugzeuge der dreißiger Jahre näherten sich dem Ideal der Massenfliegerei. Einige Konstrukteure wie der Franzose Mignet bemühten sich um eine Lösung für ein echtes Volksflugzeug, doch ohne Erfolg.

Häufig gab es nationale und internationale Wettbewerbe für Sport- und Touristikflugzeuge, bei denen die Bequemlichkeit für die Passagiere, die Eigenschaften beim Kurzstart sowie beim Landen usw. bewertet wurden. Derartige Wettbewerbe führten zum Studium, zur Entwicklung und Verwendung der verschiedenen aerodynamischen Mittel, um Start und Landung zu verkürzen (Landeklappen, Vorflügel u. a.), und dies war zum Nutzen für das gesamte Flugwesen. In der Kategorie der erwähnten Touristikflugzeuge erreichte Polen bemerkenswerte Ergebnisse. Die kleinen Sport-maschinen für zwei Personen waren schon relativ leicht, und besonders in den USA und in einigen Ländern Westeuropas befanden sich bald zahl-reiche dieser Flugzeuge in Privatbesitz. In den USA waren die verhältnis-mäßig anspruchsvollen Viersitzer für Familienwochenendausflüge und für Dienstreisen größerer Unternehmer allgemeiner beliebt; unter europäi-schen Bedingungen blieben sie vorläufig ein Privileg der Begüterten.

Eine erstaunliche Entwicklung erfuhren die Rekordflugzeuge. Lande-klappen und weitere Mittel, einschließlich neuer Geschwindigkeitsprofile, moderne Konstruktionsmaterialen und Hochleistungsmotoren ermöglich-ten es, daß Schnellflugzeuge wieder auf Bodenflugplätze zurückkehrten und schon frühzeitig die Wasserschnellflugzeuge übertrafen. Der Ge-schwindigkeitsweltrekord vor dem zweiten Weltkrieg betrug 755 km/h. Das spricht für sich, ebenso wie der Streckenrekord von 11 520 km und der Höhenrekord von 17 083 m. Zu Beginn des Jahres 1920 lagen die Leistun-gen in der gleichen Reihenfolge bei 275 km/h, 3 166 km und 10 093 m. Wie daran deutlich wird, scheint die Gewinnung von Höhe das größte Problem gewesen zu sein, aber insgesamt erreichte die Luftfahrt in allen Kategorien bemerkenswerte Ergebnisse. Es ist erstaunlich, daß schon ein regelmäßiger Verkehr über die Kontinente und die Ozeane existierte, daß praktisch alle Erdteile außer der Antarktis erfaßt waren und sich das Reisen durch die Luft etabliert hatte, zwar nicht direkt als Massenerschei-nung, so doch auch nicht als eine Ausnahmeform des Verkehrs.

Der zweite Weltkrieg ließ diese Entwicklung zunächst stagnieren und gab ihr eine andere Richtung. Die Kampfflugzeuge erfuhren in den Jahren 1939 bis 1945 eine gewaltige und nie gekannte Entwicklung, und ihre Geschwindigkeit wuchs von 550 auf 720 km/h und darüber. Die leistungs-fähigsten Bomber hatten eine Reichweite von mehreren tausend Kilome-tern und konnten einige Tonnen Bombenlast bei Geschwindigkeiten trans-portieren, die nicht weit hinter denen der Jagdflugzeuge zurückblieben, dazu noch in Höhen, in denen die Jäger nur noch mit Mühe angreifen konnten. Entwickelt wurden spezielle gepanzerte Schlachtflugzeuge (z. B. die sowjetische Iljuschin IL–2), die zum Kampf gegen Panzer und andere mechanisierte Mittel des Feindes zum Einsatz kamen. Die Wirksamkeit aller Arten von Flugzeugen, einschließlich der großen Flugboote, die im Kampf gegen U-Boote verwendet wurden, stieg um ein Vielfaches. Dieses gesamte Streben gipfelte in der ersten praktischen Anwendung der Luft-strahl- und der Raketentriebwerke bei den Kampfflugzeugen. Damit war der Grundstein für eine neue Etappe in der Entwicklung der Weltluftfahrt gelegt.

Die Verkehrsluftfahrt hatte einen anderen Stellenwert als im ersten Welt-krieg. Damals existierte sie eigentlich noch nicht; sie entstand erst im Frieden. Der Umfang der militärischen Operationen und die gewaltigen Anforderungen hinsichtlich der Beförderung von Truppen und Kriegsmaterial im zweiten Weltkrieg führten dazu, daß praktisch alle kriegführenden Mächte Transportflugezuge auf der Grundlage ihres Vorkriegsstandes zur breiten Nutzung entwickelten. Gleichzeitig wurden auch Maschinen konstruiert, die eine wesentlich höhere Transportkapazität sowohl im Hinblick auf die Masse als auch den Umfang der zu befördernden Güter besaßen.

Die Konstrukteure waren gewöhnlich bestrebt, diese Aufgaben unter Beibehaltung der klassischen Flugzeugkonzeption zu erfüllen. Das gelang ihnen und hatte für die Nachkriegsentwicklung des zivilen Luftverkehrs enorme Bedeutung – nach dem Krieg verfügte man über Hunderte sehr guter Verkehrsflugzeuge, die nach geringfügigen Veränderungen für zivile Zwecke genutzt werden konnten. Der Luftsicherungsdienst, die weiterentwickelten meteorologischen Hilfen, die Erfindung des Radars sowie die Vervollkommnung der Navigations- und Verbindungsmittel führten dazu, daß der militärische Lufttransport im Einklang mit den Kriegsanforderungen bei Wetterunbilden seinen Betrieb nicht einstellte. Es mußten schon außerordentliche Bedingungen herrschen, bevor dies eintrat. Das hatte ebenfalls Einfluß auf den Charakter des Luftverkehrs nach dem Krieg, ganz abgesehen von den zahlreichen gut ausgebildeten Piloten und anderen Angehörigen des Luft- und Bodenpersonals.

ZIVILFLUGZEUGE NACH DEM ZWEITEN WELTKRIEG

Die Nachkriegssituation im zivilen Luftverkehr kennzeichneten zwei gegensätzliche Tatbestände, ergänzt noch dadurch, daß die deutsche und japanische Konkurrenz nicht mehr existierte. Durch das Freiwerden der Kriegsüberschüsse an Kampfflugzeugen, besonders amerikanischen Ursprungs, erhielt die Zivilluftfahrt zahlreicher europäischer Länder große Mengen hervorragender Transportmaschinen aller Kategorien zu beträchtlich gesenkten Preisen.

Das führte zu einer verhältnismäßig raschen Erneuerung und Erweiterung des Luftverkehrs auf ein höheres Niveau als vor dem Krieg und auf Gebiete, wo ein anderer als der Luftverkehr undenkbar war. Andererseits dämpfte der Überschuß an billigen Flugzeugen das Interesse der Verkehrsgesellschaften, bei der einheimischen Flugzeugindustrie neue Konstruktionen zu bestellen. Daraus resultierte eine Absatzkrise der Luftfahrtindustrie in Grißbritannien, Frankreich und Italien. Dazu drängten noch amerikanische Firmen mit neuen und weiterentwickelten Transportflugzeugtypen auf den Markt, deren Konstruktionen schon während des Krieges und auf der Grundlage ursprünglich militärischer Bestellungen vorbereitet worden waren. Die britischen und französischen Firmen waren mit ihren neuen Typen zudem nicht sehr erfolgreich, da ihre Entwicklung zu langsam und auf der Basis überholter ökonomischer und technischer Voraussetzungen vonstatten ging. Gegen die amerikanische Konkurrenz gab es einfach keinen Schutz, und man kann sagen, daß die amerikanischen Transportmaschinen den größten Teil des Transportes der Weltverkehrsgesellschaften, ausgenommen die UdSSR, übernahmen.

Es zeigte sich hier erneut, was der Maschine Douglas DC-3 vor dem Krieg zum Erfolg verholfen hatte: eine ausgezeichnete Ausgewogenheit der Transportkapazität, der Leistungen und des Treibstoffverbrauchs, der Geschwindigkeit und der Reichweite. Der amerikanische viermotorige Typ Lockheed Constellation oder seine Konkurrenten DC-6 und DC-7 der Firma Douglas gehörten zu den Spitzenleistungen in der Kategorie der Verkehrsmaschinen mit Kolbenmotor.

Die großen viermotorigen Flugzeuge waren überwiegend mit Überdruckkabinen ausgestattet. Man begann nach dem Krieg mit etwa 44 bis 50 Passagieren, aber der steigende Bedarf zwang die Gesellschaften, neue Typen oder Versionen mit einer Kabinenkapazität von schon bald annähernd 100 Sitzen zu bestellen. Die Konstrukteure verlängerten in einigen Fällen den bisher verwendeten Rumpf durch das Einsetzen eines oder zweier Teile gleicher Konstruktion, was keine umfangreichen Arbeiten verlangte. Es war nötig, das Tragwerk und das Fahrgestell zu verstärken, damit sie der beträchtlich erhöhten Masse der neuen Version entsprachen.

Die viermotorigen Flugzeuge wurden nach 1946 auch für den Transatlantikverkehr zwischen Europa und den USA eingesetzt. Die wichtigste Verbindung führte über den irischen Flugplatz Shannon, wo letztmalig aufgetankt wurde, nach Neufundland auf den Flugplatz Gander. Zuerst nutzte man als Zwischenlandeplatz auch Island, aber die Gesellschaften verzichteten bald wieder darauf, und zwar wegen des unsicheren Wetters in diesem Gebiet. Ende der vierziger, Anfang der fünfziger Jahre standen bereits Flugzeuge mit Kolbenmotoren zur Verfügung, die eine kleinere Anzahl von Passagieren ohne Zwischenlandung z. B. von New York nach London oder Paris befördern konnten. Der Flug, der im Jahre 1927 als eine Riesensensation galt, wurde ein Vierteljahrhundert später zur alltäglichen Praxis, wobei Dutzende von Fluggästen gleichzeitig diesen Vorteil nutzen konnten. Die Welt wurde dank der Entwicklung des Luftverkehrs kleiner, und die Kontinente näherten sich einander auf wenige Stunden Flugzeit. Dieser Fortschritt in der Entwicklung der Verkehrsmaschinen führte dazu, daß die bisher beliebten Flugboote von der Bühne abtreten mußten. Im Hinblick auf die Bootsform des Rumpfes blieben sie in der Geschwindigkeit zurück, außerdem geriet es zum Nachteil, daß sie im Küstenbereich landen mußten. Landflugzeuge brachten die Reisenden anschließend in größerer Zahl bis in die wichtigsten Städte im Landesinneren. Diese zusätzlichen Transporte wurden jetzt überflüssig. Das Wichtigste aber war, daß mit der durchgreifenden Erhöhung der Zuverlässigkeit des Transportes das Argument entfiel, der Bootsrumpf sei zum Landen auf dem offenen Meer notwendig. Die Flugboote verließen zu Beginn der fünfziger Jahre die großen Fluglinien der Welt; sie wurden im lokalen Küstenverkehr weiter genutzt.

Es gab mehrere Faktoren, die zu einer so deutlichen Erhöhung der Zuverlässigkeit des Luftverkehrs beitrugen. In erster Linie waren dies die modernen Technologien, die festere Materialarten wie Dural verwendeten und es ermöglichten, leichtere Flugzeugteile zu bauen, die dennoch eine höhere Festigkeit besaßen. Die Motoren reiften in den Jahren des Krieges enorm, und die Zweistern-Vierzehnzylinder-und Achtzehnzylindermotoren mit Leistungen von 1 500 bis 2 200 kW (2 000 bis 3 000 PS) erreichten ein Niveau mit ökonomischen Betriebsparametern, die sie auch für den zivilen Verkehr geeignet machten. Ihre Lebensdauer stieg, und die Widerstandsfähigkeit gegenüber Störungen vervielfachte sich. Viele Motoren nutzten auch die bisher freigesetzte Energie der Auspuffgase. Sie führten sie in eigene Düsen, in denen während des Fluges der Schub ähnlich wie bei kleinen Düsentriebwerken abgeleitet wurde: Sie trugen somit zum Antrieb des Flugzeuges bei. Die letzten Typen von Kolbenmotoren, die Typen Turbo-Compound der Firma Wright vom Anfang der fünfziger Jahre, nutzten sogar die Energie der Auspuffgase zum Antrieb kleiner Turbinen, deren Leistung wiederum auf die Kurbelwelle eines Motors und dann auf den Propeller übertragen wurde. Das war der letzte Versuch, die Kolbenmotoren in der Anfangszeit der Gasturbinen zu vervollkommnen. In dieser Zeit existierten auch riesige Achtundzwanzigzylindermotoren in der Form von vier Sternen hintereinander zu je sieben Zylindern. Sie lieferten bis zu 2 600 kW (3 500 PS), in zivilen Bereich jedoch bewährten sie sich nicht. Man verwendete sie nur in einem einzigen Flugzeug – in der Boeing Stratocruiser.

Daß die Motoren mechanische Mehrstufenkompressoren oder mit Auspuffgasen angetriebene Turbokompressoren besaßen, ist selbstverständlich, denn ein Flug in Höhen von 7 000 oder 9 000 m wäre ohne sie unmöglich. Auf entsprechende Weise stattete man die Flugzeuge mit Klimaanlagen und Überdruckkabinen aus, so daß die Passagiere über den gleichen Komfort wie in 1 800 m Höhe verfügten.

Die modernen Verkehrsmaschinen der Nachkriegsära erhielten bald das sogenannte Bugfahrgestell, d. h. mit einem Hilfsrad unter dem Bug des Rumpfes.

Gegenüber dem früheren Heckfahrgestell, mit dem das Flugzeug hinten auf einem Sporn mit einem Rad ruhte, hatte das Bugfahrgestell eine Reihe von Vorzügen. Vor allem verkürzte es den Anlauf um die Phase, die bisher zur Hebung des Rumpfes in die waagerechte Stellung erforderlich war, in der sich der Auftrieb an den Flügeln am günstigsten entwickelte. Es ermöglichte dem Flugzeug, bei erhöhter Stabilität auf dem Flugplatz beweglicher zu sein. Die Lage der Kabine ist bei einem Flugzeug mit Bugfahrwerk nahezu waagerecht, was für die Passagiere günstig ist, und natürlich hat der Pilot eine bessere Sicht nach vorn bei allen Bewegungsphasen auf dem Flugplatz. Zur Erhöhung der Sicherheit montierte man an das Fahrgestell jeweils doppelte Räder; später verdoppelte man auch das Bugrad.

Zur Verkürzung des Auslaufes beim Landen dienten dem Flugzeug nicht nur die Landeklappen, sondern auch die Bremsschirme, die an den Flügeln ausgefahren wurden und den Luftwiderstand erhöhten. Die Räder erhielten wirksamere Bremsen, aber es tauchte noch eine neue und tatkräftige Bremshilfe in Gestalt von Luftschrauben mit einem sogenannten Umkehrgang auf. Es handelte sich dabei um Propeller, deren Blätter so gestellt werden können, daß anstelle des Antriebs ein Gegenzug erfolgt, der das Flugzeug bremst. Wenn nach dem Aufsetzen des Flugzeuges die Blätter aller Propeller verdreht werden, läßt sich die Maschine sehr schnell zum Stehen bringen. Darüber hinaus kann man dies auch beim Fahren am Boden nutzen. Auf einer Seite läßt der Pilot das Propellerblatt ziehen, auf der anderen nach hinten drücken, und das Flugzeug steuert sich auf dem Flugplatz viel besser als bisher mit dem Seitenruder, den Bremsrädern an verschiedenen Seiten und einem steuerbaren Bugrad.

Neben den Konstruktionselementen des Flugzeuges und seiner Motoren reiften nach dem Krieg auch die Geräte- und Sicherheitstechnik auf ein Niveau, das die Sicherheit des zivilen Luftverkehrs im Vergleich zum Vorkriegsstand um ein Mehrfaches übertraf. Einen sehr großen Einfluß auf die Flugsicherheit hatte die Erfindung des Radars, das es möglich machte, die

Bewegungen des Flugzeuges von der Erde aus zunächst über Dutzende, später über Hunderte von Kilometern zu verfolgen. Es tauchten auch die ersten „kartierenden" Bordradargeräte auf, mit deren Hilfe die Navigatoren während des Fluges die Karte des überflogenen Terrains in ein Diagramm übertrugen.

Die ausgereiftesten kolbenmotorgetriebenen Verkehrsflugzeuge verwendeten bereits das sogenannte Wetterradar, mit dem die Besatzungen zum Beispiel Sturmböen und andere Wetterhindernisse, aber auch eventuelle Terrainunebenheiten, die den Flug gefährdeten, schon weit im voraus feststellen konnten. Eine große Unterstützung bedeutete auch der Funkhöhenmesser, eine Einrichtung, die ein Funksignal zur Erde sendete, später sein Echo von der Erdoberfläche empfing und die tatsächliche Höhe des Flugzeuges über dem Gebiet angab. Die bisherigen barometrischen Höhenmesser stellten lediglich die Höhe über dem Meeresspiegel, ohne Rücksicht auf das Landschaftsrelief unter dem Flugzeug fest.

Eine weitere Hilfe für die Navigatoren bot das System von Funkbaken entlang der Hauptfluglinien. Es handelt sich dabei um Sendeeinrichtungen am Boden, anhand derer der Navigator den Flug der Maschine vermittels einer Richtantenne, wie sie schon aus dem vorangegangenen Abschnitt bekannt ist, lenkt. So „wandert" das Flugzeug von einer Bake zur anderen, bis es den Zielflugplatz erreicht hat. Dadurch wird die Flugsicherheit, vor allem in der Nacht und unter erschwerten Bedingungen, beträchtlich erhöht.

Die Fortschritte in der Funktechnik ermöglichten es, von Zielflugplatz aus dem Flugzeug einen sogenannten Gleitstrahl entgegenzusenden. Es handelt sich dabei um ein schmales Band des ausgesandten Signals, das schräg nach oben, übereinstimmend mit dem Senkwinkel des absteigenden Flugzeuges, gerichtet wird. Sobald die Besatzung dieses Signal auffängt, folgt der Pilot ihm abwärts und steigt ihm buchstäblich so weit nach unten nach, bis er den Flugplatz sehen kann. So kann er auch bei sehr schlechten Wetterbedingungen landen.

Angestrebt wurde eine vollkommen automatische Landung, z. B. im dichten Nebel. Auch dazu war die Technik herangereift, aber sie kam bei den Oldtimern nicht mehr zum Tragen. Die Automatisierung einiger Routinehandlungen einzelner Besatzungsmitglieder jedoch schritt bereits in der Nachkriegsperiode voran, und besonders neue Typen von Autopiloten erleichterten den Flugzeugführern die Arbeit während der langen Transatlantik- und Transkontinentalflüge.

In der Nachkriegsentwicklung ging es natürlich nicht nur um große viermotorige Maschinen. Auch der Verkehr auf kurzen Strecken verlangte eine Technik, die moderner war als bei den Vorkriegsentwicklungen vom Typ DC-3 und deren Nachkriegsvarianten. Es zeigte sich aber, wie vollendet die Douglas-Konstrukteure schon 1935 die DC-3 konzipiert hatten. Von den zahlreichen Nachkriegskonstruktionen aus verschiedenen Ländern (sogar einschließlich der Firma Douglas selbst), die die berühmte DC-3 ersetzen sollten, konnten die meisten einfach nicht die ökonomischen und Betriebskennziffern dieser Maschine erreichen.

Erst die amerikanischen Flugzeuge der Reihe Convair Liner (VC-240 bis -440) vermochten die DC-3 in allen Parametern zu übertreffen. Die Maschinen dieser Kategorie beförderten bald über 40 Passagiere, so daß sie gerade in der Zeit des wachsenden Interesses der Öffentlichkeit am Luftverkehr voll zur Geltung kamen. Überdies erhielten später einige Maschinen dieser Kategorie Überdruckkabinen, die einen Flug in größeren Höhen und auf sehr ökonomischer Grundlage ermöglichten. Was die technische Ausführung der Flugzeuge dieser Kategorie, ihre Motoren und die Ausstattung betrifft, gilt praktisch alles, was wir über die großen viermotorigen Maschinen gesagt haben. Die Ansprüche an den Flugverkehr und seine Sicherheit führten dazu, daß sich die Unterschiede in der Ausstattung mit Geräten, Funk und weiteren Hilfseinrichtungen zwischen den Langstreckenmaschinen und den Flugzeugen für mittlere und kurze Entfernungen allmählich verringerten. Die nach und nach einsetzende Miniaturisierung der Geräte ermöglichte dies, ohne daß man eine übermäßige Zunahme der Masse des Flugzeuges befürchten mußte.

Nach dem zweiten Weltkrieg begann auch die Entwicklung eines Zweiges des Luftverkehrs, der davor kaum bekannt war. Es war der sogenannte Lufttaxi- oder Mietverkehr. Hier ging es um die Beförderung einzelner Personen oder kleiner Gruppen über kürzere Entfernungen, gewöhnlich zwischen Städten, und zwar in ähnlicher Weise wie beim Autotaxidienst. Nach dem Krieg konstruierte und baute man zu diesem Zweck leichte, zumeist zweimotorige Maschinen mit vier oder fünf Sitzen, die zwischen den leichtesten Verkehrsflugzeugen und den anspruchsvollsten Touristikflugzeugen einzuordnen waren. Diese Kategorie war sehr beliebt und existiert in stark verbesserter Form eigentlich bis heute. Nach 1947 nahm die Tschechoslowakei auf diesem Gebiet dank ihres hervorragenden Aero-Typs Ae-45 in Entwicklung, Verkauf und Nutzung solcher Flugzeuge eine führende Position in Europa ein.

In den USA war ein typisches Flugzeug dieser Art die Piper-Maschine PA-23 Apache. In diesem Land, in dem das private Reisen per Flugzeug schon bald nach dem Krieg ein hohes Niveau erreichte, wurde die Apache und die Maschinen ihrer Kategorie, die andere Firmen herstellten, die typischen Flugzeuge für den Familientourismus. Die amerikanische Großserienproduktion und das sehr gute Servicenetz ermöglichten ihre umfangreiche Nutzung, vor allem auf dem nordamerikanischen Kontinent, aber allmählich auch anderswo.

Die gut entwickelte Flugzeugindustrie und die modernen Herstellungsverfahren boten nach dem zweiten Weltkrieg hervorragende Bedingungen für die breite Entwicklung, die Produktion und Verwendung von Sportflugzeugen. Zahlreiche Firmen der „großen" Flugzeugindustrie wandten sich nach dem Krieg aus Mangel an Aufträgen militärischen Charakters der Entwicklung von Sportflugzeugen zu. Dies versuchten auch kleinere Firmen und sogar Einzelpersonen, so daß das Angebot bald die Nachfrage überstieg. Die kleinen Hersteller blieben nicht wettbewerbsfähig und ihre Zahl verringerte sich ständig, während die Großserienproduktion der Riesenfirmen zunahm. Nach den sehr leichten zweisitzigen Hochdeckern begannen sie einmotorige Viersitzer herzustellen, ganz aus Metall, mit einziehbarem Fahrgestell, verstellbaren Propellern, Druckklappen und weiteren Attributen moderner Flugzeuge. Es tauchten auch Wasser- und Wasser-Land-Sportflugzeuge und Touristikmaschinen auf. Die Flugzeuge dieser Kategorie entfernten sich jedoch bald vom ursprünglichen Ideal des Volkssportflugzeuges, dem die Vorkriegskonstruktionen noch nahestanden. Die modernen Fabrikmaschinen erreichten immer höhere Preisklassen, und die Anforderungen an ihre Piloten stiegen.

Die Reaktion darauf bestand in Versuchen, den Bau sehr leichter Flugzeuge, mit denen man an den Wochenenden billig fliegen und sich ein wirkliches Sporterlebnis verschaffen konnte, amateurhaft zu betreiben. Am Ende der vierziger Jahre gründete man kleinere Betriebe, die Dokumentationen zur Verfügung stellten, die für den privaten oder in Aeroklubs organisierten Bau leichter Flugzeuge bestimmt waren; häufig lieferten sie auch noch die Bauteile für die Montage mit. Immer ging es um Maschinen, die von den zuständigen Aufsichtsämtern genehmigt wurden. Beim Antrieb solcher Flugzeuge bewährten sich vor allem die adaptierten Motoren der Volkswagen-„Käfer".

Heute stehen den Flugenthusiasten leichte Hängegleiter vom Typ Rogallo zur Verfügung und superleichte Flugapparate, deren Motoren immer leichter werden. Die reiche Auswahl an modernen Plastikmaterialien und weiteren Kunststoffen ermöglichte einen Umschwung in den Amateurkonstruktionen und im Bau von Sportflugzeugen.

Das Streben nach Rekorden in Schnelligkeit, Weite und Höhe des Fluges wurde nach dem zweiten Weltkrieg eher in den militärischen Bereich verlagert, und man verwendete dabei neue Motorentypen, vor allem Luftstrahltriebwerke.

Ähnlich wie vor dem Krieg wurde auch danach der Kunstflug überaus populär. Nun waren es keine „närrischen" Barnstormers, sondern echte Meister der Flugkunst, mit sorgsam eingeübten Figurenensembles höchster Pilotenkunst, die die großen Möglichkeiten der Flugzeuge ihrer Zeit nutzten. Für diese Art von Flugtätigkeit mußte man schon bald spezielle Maschinen bauen oder zumindest die Maschinen modifizieren, die schon eine gewisse Eignung zum Kunstflug besaßen – die Jäger und die Übungsmaschinen. Es ging darum, ein möglichst sicheres und dabei leichtes Flugzeug zu schaffen, dessen Motor und Propeller gegenüber der Masse des Flugzeuges ein Übergewicht an Schub erhielten, damit der Pilot auch im Steigflug die anspruchsvollsten Figuren ausführen konnte. Das Steuer und die Querruder der Kunstflugzeuge mußten blitzartig reagieren und es dem Piloten ermöglichen, mit seiner Maschine buchstäblich zusammenzuwachsen und sie vollkommen zu beherrschen. Bei der Vorführung zogen einige Kunstflieger die Zuschauer besonders in ihren Bann, wie der Franzose Doret, der Deutsche Udet und der Tschechoslowake Novák. Sehr wirkungsvoll war auch die Kunstflugvorführung von drei Maschinen, die zum Beispiel durch ein Seil an den Flügeln miteinander verbunden waren.

Die Nachkriegszeit brachte eine etwas andere Auffassung von Kunstflugzeugen. Es waren in der Mehrzahl Maschinen für die fliegerische Grundausbildung, die so dimensioniert waren, daß sie höchsten Belastungen beim Kunstflug standhielten; normalerweise waren sie mit einem Mann besetzt. Vor dem Krieg waren es Doppel-oder Hochdecker mit Motoren von 150 bis 300 kW (200 bis 400 PS), nach dem Krieg zunächst Doppeldecker und dann Tiefdecker mit Motoren von 75 bis 120 kW (100 bis 160 PS).

Die neue Generation von Kunstfliegern brachte auch neue Elemente in diesen Bereich ein. Die Figuren, die durch die modernen Flugzeuge möglich waren, kannten die Vorkriegspiloten noch nicht. Aus Übungs- und Schulflugzeugen entwickelte man in vielen Fällen spezielle Kunstflugversionen mit einsitzigen Kabinen. Einige Jahrzehnte nach dem Krieg war das tschechoslowakische Flugzeug Zlin Z-26 Trenér und seine weitere Modifikation der „König" bei den nationalen, europäischen und Weltkunstflugwettbewerben, es nahm eine Spitzenstellung ein.

Der zweite Weltkrieg veränderte vieles. Er beschleunigte die Entwicklung der Technik auf allen Gebieten. Die Halbleiter kamen auf, die Geräte wurden kleiner und die Rechentechnik entwickelte sich. Leider brachte er auch die Kernwaffen und weitere schreckliche Erfindungen, die uns heute mit Angst erfüllen.

Auf dem Gebiet des Flugwesens gehört die Entwicklung von Gasturbinentriebwerken zu den bedeutendsten Neuerungen aus der Kriegszeit. Zuerst nutzte man die Luftstrahl- und Turboproptriebwerke ausschließlich für militärische Zwecke, denn ihre Lebensdauer und ihr Treibstoffverbrauch ließen eine ökonomische Nutzung im zivilen Verkehr noch nicht zu. An der Schwelle der fünfziger Jahre kam es jedoch auch in der Verkehrsluftfahrt zu einer neuen Stufe der Entwicklung der Flugtechnik – zu den Verkehrsflugzeugen mit derartigen Triebwerken. Die Zeit der Oldtimer schuf solide Grundlagen, auf denen sich eine neue und qualitativ höhere Kategorie von Luftverkehrstechnik nach einem halben Jahrhundert harter Arbeit von Erfindern, Konstrukteuren, Facharbeitern und Piloten entwickeln konnte.

BILDTEIL

Italien

Der Genius der Renaissance, der italienische Maler, Architekt, Dichter, Anatom, Denker und überaus fruchtbare Wissenschaftler Leonardo da Vinci wurde durch seine Bauten und Gemälde sehr berühmt. Nur wenig ist allerdings über seine gründlichen Studien auf dem Gebiet des Flugwesens und vor allem über sein Streben bekannt, eine Maschine zu entwerfen, die dem Menschen das Fliegen ermöglicht.

Dem Flugwesen widmete Leonardo da Vinci einen beträchtlichen Teil seiner intellektuellen Kapazität, besonders im Zeitraum von 1483 bis 1515. Mit großer Beharrlichkeit ging er daran, die Gesetze der Luftströmung zu studieren; an verschiedenen Modellen und mit einfachen Meßvorrichtungen stellte er die Existenz von Auftrieb und Widerstand fest, vermochte aber noch nicht, die Begriffe miteinander zu verbinden. Ein weiterer Gegenstand seines Interesses war der Vogelflug. Die technischen Voraussetzungen der damaligen Zeit boten ihm noch kein Gerät, mit dem er die feinen Bewegungen der Flügel und der anderen Körperteile des fliegenden Vogels leichter hätte verfolgen können. Dennoch kam Leonardo zu detaillierten Schlußfolgerungen, und nach dem Studium der Anatomie des Vogelkörpers gewann er ein klares Bild über die Art und Weise, mit der sich ein Vogel oder eine Fledermaus in der Luft bewegt.

Leonardo war auch ein ausgezeichneter Mechaniker, der Detail für Detail die Kraftübertragung durch Arm und Bein des Menschen auf das wirksame Schwingen einer Tragfläche durchdachte. Er wählte eine Konstruktion, ähnlich eher einem Fledermaus- als einem Vogelflügel, mit Holzträgern in der Eintrittskante und einer darüber gespannten Lederhaut. Nach einer Reihe von Skizzen tendierte er in den achtziger Jahren des 15. Jahrhunderts zu zwei Arten von Schwingenfluggeräten – in einem sollte der Pilot auf einem länglichen Bett liegen, während die Arme durch Paddelbewegungen die Flügel schwangen. Durch Treten in Bügel an Stangen und Riemen sollte er den Schwingbewegungen eine größere Kraft verliehen. Andere Maschinen sahen eine stehende Position des Piloten vor.

Für das weitere Schicksal der Gedanken Leonardos war die Periode von 1503 bis 1505 entscheidend. In der 77. Mappe seiner Aufzeichnungen, dem sog. Kodex atlanticus, gelangte er nach Versuchen an Modellen und einfachen Übertragungs- und Flügelsystemen zu der Erkenntnis: Die einfache Kraft eines Menschen reicht nicht dazu aus, Flügel schnell und stark genug zu bewegen und so die Vögel nachzuahmen. Aus dem Jahre 1505 stammen hervorragende Skizzen auf dem Gebiet der Aerodynamik sowie von Geräten zu ihrer Erforschung – es war dies der Gipfel in Leonardos Entwürfen von Schwingenflugmaschinen. Unter seinen Zeichnungen finden wir auch den Entwurf eines Fallschirmes und eines Hubschraubers.

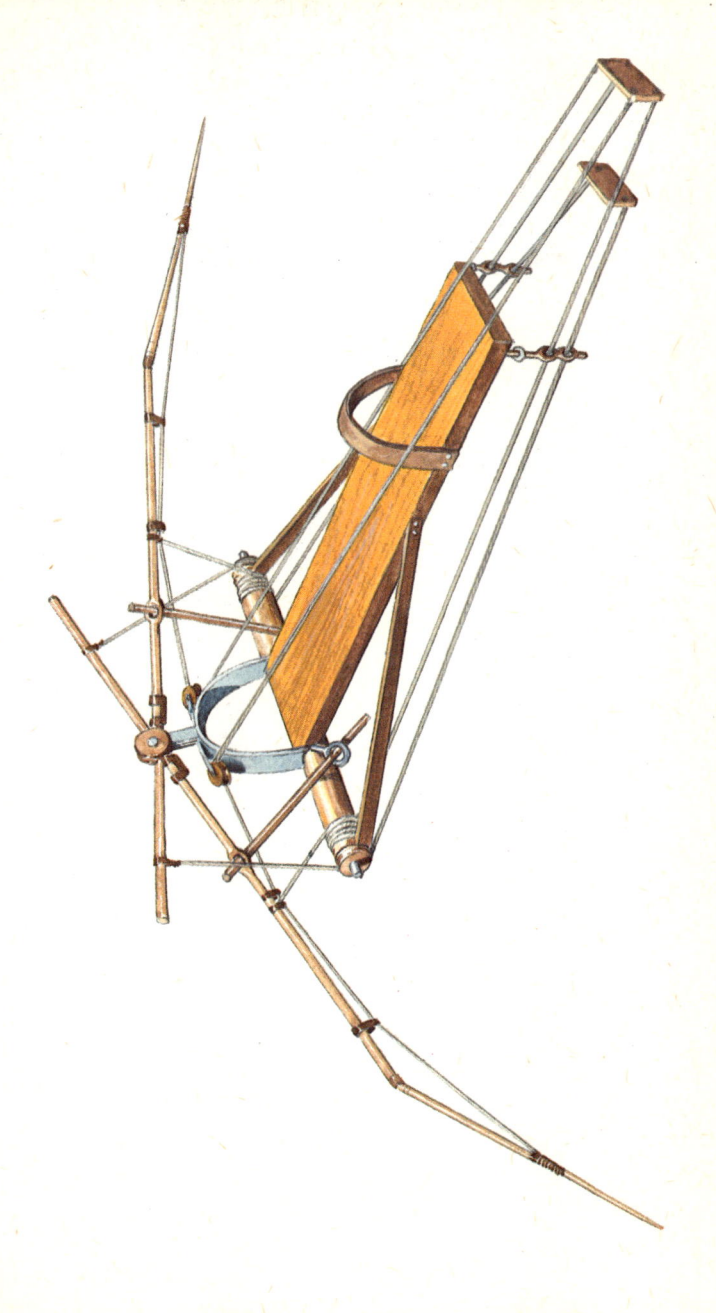

Großbritannien

Der Engländer Sir George Cayley gilt als der erste Mensch, der wissenschaftlich an das Problem des Fluges eines Menschen mit einem Gerät, das schwerer als Luft ist, heranging. Sein Interesse an der Ballistik führte ihn dazu, daß er mittels eines Gerätes zur Erforschung der Bewegung von Granaten durch die Luft die Tragflächenform zu studieren begann und als erster die direkte Abhängigkeit zwischen Auftrieb und Luftwiderstand entdeckte; Leonardo hatte sie vermutet, konnte sie jedoch nicht erklären.

Cayleys erste Arbeit zum Flugproblem fällt in das Jahr 1793. Aus dem Jahre 1799 stammt sein erster Entwurf einer Flugmaschine – der Flieger sitzt in einer aerodynamisch geformten Gondel, über ihm befinden sich die Flügel und hinter ihm die Schwanzflächen. Die Flügel weisen bereits ein gekrümmtes Profil auf.

Im Jahre 1804 startete Cayley ein etwa 1,5 m langes Gleitermodell. Dies war eine Stange, aufgehängt unter einem gewöhnlichen Kinderdrachen (kurz zuvor aus China nach Europa gelangt, galt er als beliebtes Spielzeug) unter einem kleinen Anstellwinkel. An das Ende der Stange montierte Cayley eine waagerechte und eine senkrechte Schwanzfläche.

Im weiteren Erprobungszeitraum entstanden moderner konstruierte Gleiter, von denen der größte eine Tragfläche von 18,6 m² aufwies (andere Quellen sprechen von 28 m²). Cayley erprobte sie auf seinen Ländereien um Brompton Hall, und in seinen Aufzeichnungen schrieb er, wie majestätisch und sicher er unter einem Winkel von etwa 18° dahinglitt.

Im Bestreben, seine Gleitflugapparate zu motorisieren, verwendete er einen Motor, der durch schnell aufeinanderfolgende Explosionen eines brennbaren Stoffes angetrieben wurde – also das Prinzip des Verpuffungsmotors; leider konnte er es nicht realisieren. Um so gründlicher beschäftigte er sich mit Aerodynamik. Er arbeitete sich bis zum Problem der Flugstabilität vor und äußerte die Notwendigkeit, die Tragfläche V-förmig anzulegen; außerdem beschäftigte er sich mit der optimalen Form der nichttragenden Teile des Flugzeuges. Das Festigkeitsproblem bei einer notwendig großen Fläche führte ihn dazu, daß er den Doppel- und Dreidecker entwarf – hier zeigte er hervorragenden Erfindungsgeist, denn in der Natur kommt dieses Muster nicht vor.

Im Jahre 1849 erhob sich ein zehnjähriger Junge auf einem von Cayleys Gleitern in die Luft und flog unbeschadet mehrere Meter. Vier Jahre später überredete Cayley seinen Kutscher, mit einem großen Gleiter ein Hügeltal zu überfliegen. Jener stieg tatsächlich auf, der Flug jedoch mißglückte.

Sir George Cayleys Werk wurde nach seinem Ableben von den Engländern W.S.Henson und J.Stringfellow fortgesetzt, die sich unmittelbar auf seine Gedanken stützten.

Großbritannien

William Samuel Henson war eigentlich der erste, der die Gedanken vor Sir George Cayley aufgriff und weiterentwickelte. In seiner Patentschrift Nr. 9478 vom 29. September 1842 beschrieb und dokumentierte er sein Flugzeug mit Dampfantrieb als ein modernes Mittel für den Lufttransport von Personen und Frachtgut. Dabei verfuhr er bei der Konstruktion des Flugzeuges sehr zielstrebig, und vielleicht eher intuitiv als auf der Grundlage tieferer Kenntnisse und Studien entwarf er die einzelnen Teile so, daß sie in vielem an die Maschinen vom Anfang des 20. Jahrhunderts erinnern. Der Mathematiker John Chapman hat ihm mit seiner Skepsis sehr geholfen, die Festigkeitsberechnungen durchgeführt und den Begriff des Sicherheitsvielfachen als Garantie gegen einen Bruch der Konstruktion eingeführt. Das geschah natürlich auf der Grundlage des Wissens jener Zeit.

Henson entwarf den Rechteckflügel mit einem durchgebogenen Profil und einer Bespannung an beiden Seiten. Die Tragflächen des Flügels mußten aus Holz sein, hohl (nach Art der Vogelknochen), und hinten am Flugzeug befand sich ein gekrümmtes Leitwerk von fächerartiger Konstruktion. Eine Quersteuerung besaß die Maschine nicht, ebenso wie die meisten Konstruktionen der Luftfahrtpioniere noch lange nach Henson. Die Besatzung, die Passagiere, die Ladung und auch der Motor – das alles mußte in dem kurzen und aerodynamisch gebauten Rumpf unter dem Flügel untergebracht werden. Der Motor besaß einen Antrieb zu den zwei sechsblättrigen Druckschrauben von 6,1 m Durchmesser, die an der Tragflügelhinterkante angebracht waren. Die Seitensteuerung übernahm das Seitenruder, für das Rollen auf dem Boden benutzte Henson ein dreirädriges Fahrgestell.

Neben Chapman war auch John Stringfellow, ein hervorragender Ingenieur und Mechaniker, eine große Hilfe für Henson. Er fertige verschiedene Modelle nach Hensons Projekten an, und für einige baute er ein regelrechtes Wunder der Technik – einen Miniaturdampfmotor. Beide kamen überein, ein richtiges Flugzeug zu bauen. Die größte Schwierigkeit jedoch bestand in der Finanzierung. Sie kam nicht zustande, und Henson ging 1848 enttäuscht nach Amerika. Dennoch gehören die Arbeiten Hensons zu den besten Dokumentationen aus der ältesten Geschichte der Luftfahrt.

Heute läßt sich feststellen, daß Hensons Flugzeug vielleicht auch auf dem damaligen Niveau der Technik hätte zum Fliegen gebracht werden können, aber die Voraussetzung dafür wäre ein wesentlich leistungsfähigerer und leichterer Motor gewesen.

John Stringfellow setzte das gemeinsam mit Henson begonnene Werk fort und baute eine Reihe von motorisierten Modellen mit einer Flügelspanne bis 6 m.

Spannweite 45,75 m
Länge 19,52 m
Flügelfläche 418,61 m²
Masse 1600 kg
Höchstgeschwindigkeit (geschätzt) 50 km/h
Dampfmotor 18–22 kW (25–30 PS)

LE BRIS   1868
Frankreich

DU TEMPLE   1874
Frankreich

Zu Beginn der zweiten Hälfte des vorigen Jahrhunderts reifte der Gedanke
an den Flug mit einem Gerät, das schwerer als Luft ist. In einer Reihe von
entwickelten Staaten entstanden Entwürfe, Modelle und Patente. Alle diese Projekte oder Versuche hatten etwas Gemeinsames – sie tendierten zu
einem Flugzeug mit starren Flügeln, das von einer Luftschraube angetrieben wurde. Das Problem blieb der Motor. Der Dampfmotor war zwar bis
zu einem bemerkenswerten Niveau ausgereift, aber seine große Masse
bildete auf dem damaligen Wissensniveau der Flugtechnik noch eine un-
überwindliche Hürde.

Aus dieser Periode der mißlungenen Versuche lassen sich nur schwer
geeignete Vertreter auswählen. Ein Beispiel ist der bretonische Seekapitän
Jean-Marie Le Bris. Er begriff, daß der Segel- oder Gleitflug der Vögel
leichter nachzuahmen ist als derer Schwingenflug.

Im Jahre 1856 baute er aus Holz und Leinwand eine Albatrosnachbil-
dung mit einer geschätzten Spannweite von 16 bis 18 m und im Jahre
1867 einen etwas kleineren Gleiter und flog damit ein Jahr später. Schließlich kam es zu einer Havarie, und er nahm – immerhin war er damals schon
60 Jahre alt – von weiteren Versuchen Abstand.

Le Bris' Zeitgenossen waren die Gebrüder Felix und Luis du Temple,
zwei Seeoffiziere, die sich ebenfalls mit der Konstruktion von Flugzeugen
mit starren Flügeln, aber mit Motor ausgerüstet, beschäftigten. Sie entwar-
fen einen Bootsrumpf, der mit einem Dampfmotor mit einer großen zwölf-
blättrigen Luftschraube von 4 m Durchmesser am Bug versehen war.
Wenn wir die heutige Terminologie verwenden, wiesen die Flügel ihres
Flugzeuges eine positive V-Form und eine negative Pfeilstellung auf. Hinten am Rumpf befanden sich das Höhen- und das Seitenruder. Die Konstruktion ruhte auf einem dreirädrigen einziehbaren (!) Fahrgestell. Der
Entwurf wurde 1857 patentiert, und beide Brüder begannen mit dem Bau
der Maschine. Da der Dampfmotor den Anforderungen nicht genügte, konstruierten sie einen Heißluftmotor. Technische Schwierigkeiten veranlaßten sie allerdings, zum Dampf zurückzukehren. Im Jahre 1857 flog ihr
Modell mit einer Masse von 700 g, angetrieben zunächst von einem Uhrwerk, dann von einem kleinen Dampfmotor. Wesentlich später, im Jahre
1874, startete Felix du Temple mit einem echten Flugzeug von einer abschüssigen Rampe. An ihrem Ende wollte er die Maschine aufsteigen lassen und damit fliegen. Die Leistung des Motors aber und die Wirksamkeit
der Luftschraube reichten nicht aus, und das Fluggerät zerschellte am
Boden.

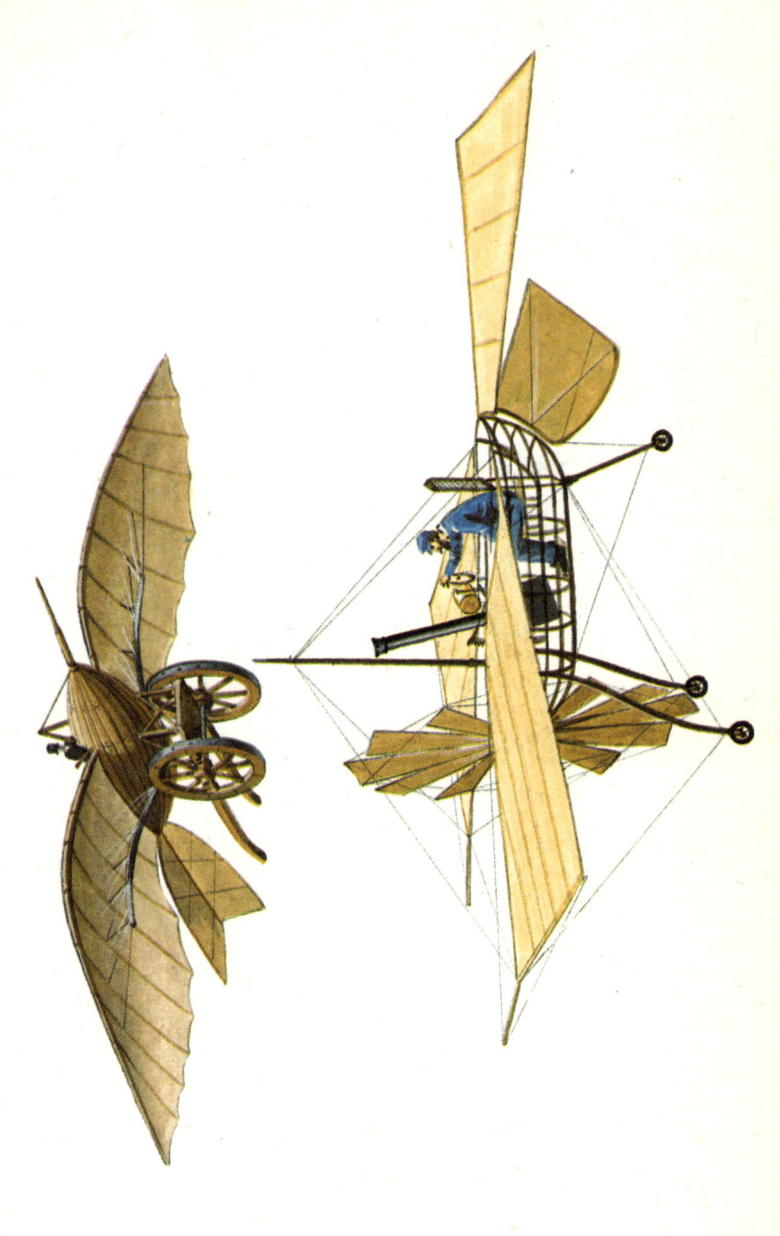

PENAUD   1871
Frankreich

TATIN   1879
Frankreich

Alphonse Pénaud erkrankte in seiner Jugendzeit schwer und war daraufhin in seiner Beweglichkeit stark eingeschränkt. Dennoch oder gerade deshalb verlockte ihn ständig der Gedanke an eine freie Bewegung im Raum. Pénaud führte 1871 den Mitgliedern der Französischen Luftschiffahrtgesellschaft das Modell eines Flugzeuges mit einem klassischen einfachen Flügel und klassischer waagerechter Schwanzfläche vor. Beide Flächen waren an einer langen Bambusstange befestigt, an deren hinterem Ende sich eine Schraube drehte; es handelte sich also um eine Druckschraube. Pénaud verwendete zunächst für seinen Abtrieb die Energie gedrillter Gummischnüre, also eine Methode, mit der bis heute Flugmodelle angetrieben werden. Nach diesem Modell, genannt „Planophore", entwickelte er weitere, darunter auch solche, die Schwingenflügel besaßen, sowie eine Reihe von Propellermodellen. Im Jahre 1876 wurde das Projekt seines Flugzeuges patentiert.

Der Zusammenarbeit zwischen Pénaud und dem Mechaniker Gauchot entsprang ein Projekt, dessen Entstehungsdatum 1876/77 kaum zu glauben ist. Es war ein schwanzloser Eindecker mit einem klassischen einfachen Flügelgerüst aus Trägern und Rippen, ausgestattet mit Höhenrudern und einem Seitenruder am Heck. Der Rumpf war zum Schwimmen konstruiert, das Fahrgestell vollständig einziehbar; es handelte sich um eine Art Amphibienmaschine. Den Antrieb sollte ein Motor von 22 kW (30 PS) besorgen, was sich als Pénauds und Gauchots Fehler erwies. Diese Leistung reichte selbstverständlich für eine Maschine mit einer Masse von 1 200 kg nicht aus, auch wenn sie auf zwei vierblättrige Schrauben übertragen wurde. Das Projekt enthielt eine ganze Reihe von bemerkenswerten Details wie eine vollendet ausgeführte Steuerung, eine hervorragende Geräteausstattung, eine abgeschlossene Kabine für die Passagiere u. a.

Pénaud und Gauchot versuchten vergeblich, ihr Projekt zu realisieren, sie fanden keine finanzielle Unterstützung. Victor Tatin übernahm einige Gedanken von seinem Freund Pénaud, beschränkte sich jedoch auf eine grundlegende Aufgabe – ein zuverlässig fliegendes motorisiertes Modell zu entwickeln und zu bauen, mit dem Elemente getestet werden sollten, die auch bei großen Flugzeugen verwendbar wären.

Im Jahre 1879 führte Tatin in Chalais-Meudon ein Modell mit einem Druckluftmotor vor, mit einer Spannweite von 1,9 m und einer Masse von 1,8 kg. Es war ein Eindecker mit Leitwerk und einem Dreiradfahrgestell. Den Rumpf bildete ein Kupfertank für die Druckluft, die den Miniaturmotor antrieb, der zwei vierblättrige Zugschrauben bewegte.

Rußland

Der Seekapitän Alexander Fjodorowitsch Moshaiski begann sich im Jahre 1856 mit der Luftfahrt zu beschäftigen, als er seine ersten Beobachtungen des Vogelfluges aufzeichnete. Im Jahre 1876 baute er einen großen Drachen und ließ sich damit mehrere Male im Schlepp von einer Pferdetroika in die Luft ziehen. Das war eine recht unsichere Sache, aber sie bot ihm die Möglichkeit, das Verhalten der Tragfläche bei den verschiedenen Anstellwinkeln zu studieren. Auf der Grundlage dieser Erkenntnisse konstruierte und baute er noch im gleichen Jahr ein von einem Uhrwerk angetriebenes Modell. Er entwarf die breite Tragfläche eines Eindeckers, einen länglichen Bootsrumpf sowie senkrechte und waagerechte Leitwerkflächen. Am Bug hatte das Modell eine Luftschraube, zwei weitere befanden sich an den Seiten und drehten sich in den Flügelausschnitten. Das Modell wies ein Vierradfahrgestell auf, es flog ziemlich gut und trug sogar eine kleine „Last" – einen Offiziersdegen.

Im Jahre 1876 erhielt Moshaiski vom Staat 5 000 Rubel für weitere Forschungen, und im Jahre 1880 weitere 2 500 Rubel für den Ankauf von Dampfmotoren in England. Er verhandelte mit der Firma Ahrbecke and Son & Hamkens und erhielt sie im April 1881. Der eine Motor hatte eine Masse von 48 kg bei einer Leistung von 15 kW (20 PS), der andere lieferte die halbe Leistung und wog 28,6 kg. Kessel, Kondensator und weiteres Zubehör machten die Maschine um weitere 82 kg schwerer, für ihre Zeit aber war sie schon sehr leicht.

Nach dem Ankauf der Motoren mußte Moshaiski die laufenden Kosten aus eigenen Mitteln bestreiten. In Zarskoje Selo überließ ihm die Armee einen Teil des Übungsplatzes, und dort baute er sein Flugzeug auf, für das er schon im November 1880 das Patent erhielt. Es hatte ein Gerüst überwiegend aus Holz mit Stahlteilen, einer Stoffbespannung, und für den Start wurde ein Anlauf von einer abschüssigen Rampe empfohlen. Moshaiski konnte nur mit größten Anstrengungen die technischen und finanziellen Hindernisse überwinden, die sich ihm in den Weg stellten. Die Maschine wurde wahrscheinlich im Jahre 1882 am Boden erprobt, aber die starke Vibration der Luftschraube machte eine völlig neue Konstruktion ihrer Blätter notwendig. Der Start von Moshaiskis Flugzeug war vermutlich zwischen 1884 und 1885, die Maschine glitt von der Rampenfläche, erhob sich jedoch nicht in die Luft. Moshaiski bestellte in der Gießerei von Obuchow im Jahre 1886 zwei neue Motoren zu je 15 kW (20 PS) und beabsichtigte offensichtlich, drei solcher Motoren einzusetzen – jeden für einen Propeller. Den ersten erhielt er im Jahre 1887, den zweiten erlebte er schon nicht mehr; im Jahre 1890 starb er. Moshaiskis Werk, wie bedeutend es auch gewesen sein mag, geriet fast völlig in Vergessenheit.

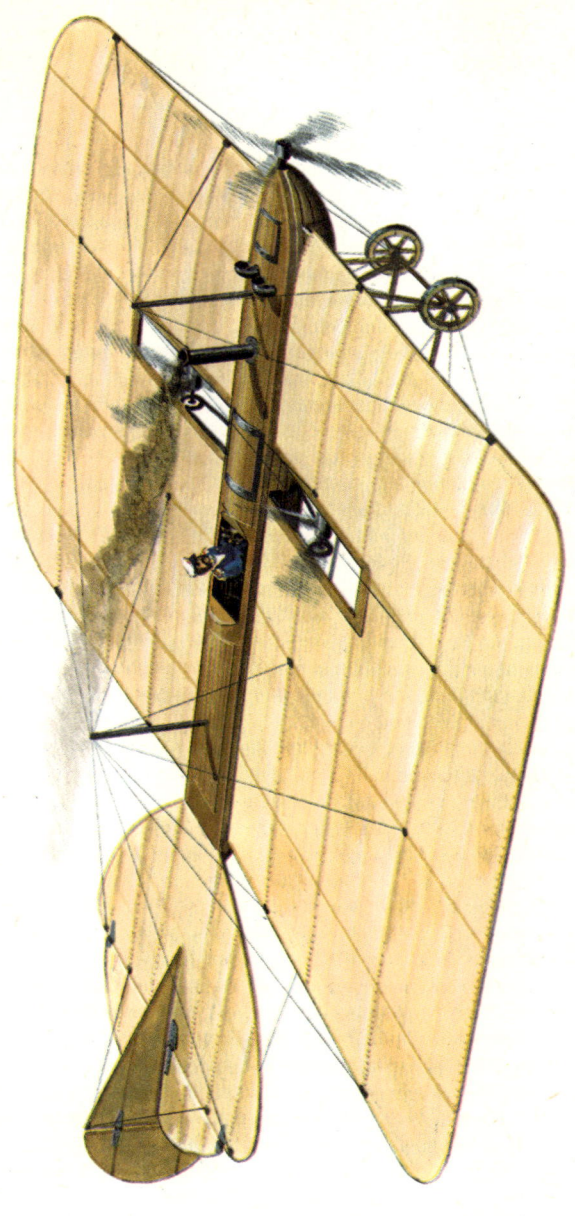

Spannweite 22,80 m
Länge 23,00 m
Flügelfläche 303,00 m²
Startmasse 1 600 kg
Motoren 1 × 15 kW (20 PS) und 1 × 7,4 kW (10 PS)

ADER EOLE   1890

Frankreich

Clément Ader war Ingenieur für Elektrotechnik und Erfinder auf dem Gebiet der Telefonverbindungen; er stieß zur Luftfahrt und widmete ihr bald all seine Kräfte. Ader studierte den Flug der Vögel und anderer fliegender Tiere und beschloß, die Natur genau nachzunahmen. Er wählte jedoch einen Kompromiß – er verwendete unbewegliche oder besser gesagt nichtschwingende Flügel und versuchte, die Vorwärtsbewegung durch einen Motor und eine Luftschraube zu gewährleisten.

Vor allem Aders Dampfmotor mit 15 kW (20 PS) Leistung war ein Kleinod der Maschinenbaukunst seiner Zeit. Er hatte eine Masse von 23 kg, der Kühler wog 17,5 kg, der Kessel mit dem Alkoholbrenner 5,5 kg, benötigt wurden 30 l Wasser und 10 kg Alkohol. Die Dampfmaschine war in einem aerodynamisch ziemlich gut geformten Rumpf untergebracht. Am Bug, einer Art „Schnabel", drehte sich ein Propeller aus Bambus. Auch die Schraubenblätter erinnerten eher an Vogelschwingen als an einen Propeller im heutigen Sinne.

Das komplizierte Gerüst, dessen einzelne Teile an die Struktur eines Fledermausflügels erinnerten, war mit Leinwand bespannt, was der Maschine einschließlich des Leitwerkes ein fledermausartiges Aussehen verliehen. Im Stillstand auf der Erde konnten die Flügel an den Rumpf gelegt werden, ebenfalls wie bei einer Fledermaus. Im April 1890 erhielt Ader ein Patent, in dem er erstmals die Bezeichnung „Avion" (also Flugzeug) verwendete.

Ader nannte die Maschine Eole (Aeolus, griechischer Gott des Windes) und erprobte sie im Schloßpark von Armainvilliers. Am 9. Oktober 1890 erhob sich nach seiner Behauptung die Maschine in die Luft und schwebte etwa 50 m weit dicht über dem Erdboden. Dann verlor sie ihre Stabilität und stürzte ab. Ader konnte jedoch die Richtigkeit seiner Behauptung nicht beweisen.

Es war klar, daß die Maschine einerseits einen leistungsfähigeren Motor benötigte, andererseits eine längere Startbahn. Ader arbeitete weiter, aber weil seine Experimente bereits über 500 000 Francs verschlungen hatten, bat er beim Kriegsministerium um Unterstützung. Er begründete den Bedarf an Flugzeugen für die künftige Kriegführung und tat dies so überzeugend, daß er 650 000 Francs erhielt. Er baute die „Avion III", etwas größer, mit einer Spannweite von 16 m und einem Motor von 22 kW (30 PS). Dieser trieb zwei Luftschrauben an, die sich nebeneinander vor einem kurzen „Kasten"-Rumpf drehten. Die Vorführung fand am 12. und 14. Oktober 1897 in Satory statt, wo es Ader gelang, leicht vom Erdboden abzuheben.

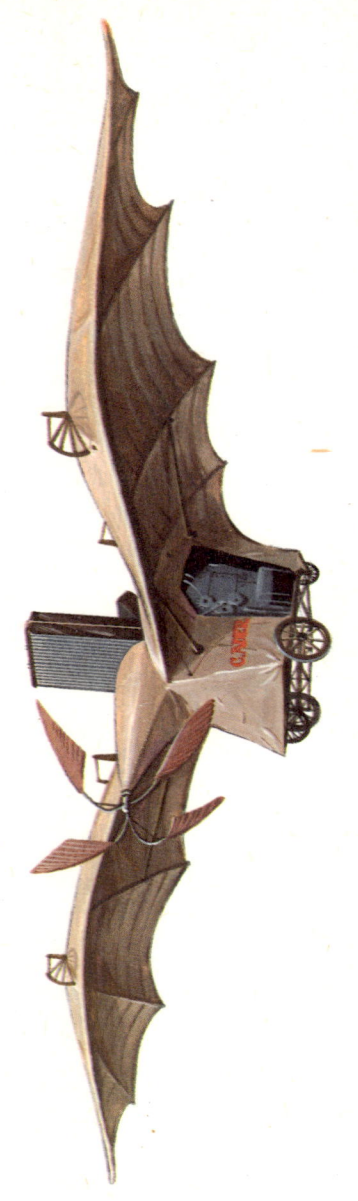

Spannweite 14,00 m
Länge 6,50 m
Flügelfläche 28,00 m²
Masse 296 kg
Dampfmotor 15 kW (20 PS)

HIRAM MAXIM

Großbritannien

Hiram Maxim begann sich im Jahre 1887 mit der Luftfahrt zu beschäftigen. Er baute sich einen Windkanal mit einem nutzbaren Inhalt von 90 × 90 cm, und schon frühzeitig erwarb er praktische Kenntnisse über die Entstehung und die Größe des Auftriebs und des Widerstandes eines Körpers, der sich in der Luft bewegt. Er untersuchte den Auftrieb verschieden geformter Flächen bei Geschwindigkeiten bis 130 km/h an einem Gerät, mit dem die Ballistiker die Bewegung der Granaten durch die Luft erforschten.

Das Meisterstück seiner Maschinenbaufähigkeiten wurde das Antriebssystem für sein künftiges Flugzeug. Es handelte sich dabei um zwei Dampfmotoren mit einer Gesamtleistung von 266 kW (362 PS). Das ganze Antriebsaggregat hatte ohne Wasser und Brennstoff eine Masse von 820 kg, was damals einen riesigen Erfolg darstellte. Bei der Konzipierung des Flugzeuges ließ sich Maxim von seiner Intuition leiten. Die Grundlage bildete eine Plattform aus Stahlrohren, auf der vorn der Kessel und die Motoren ruhten, während sich die bedienende Besatzung dahinter befand. Darüber befand sich ein achtkantiges Zentroplan, beidseitig mit Stoff bezogen, von dessen Seiten zwei Flügel ragten. Zwei weitere Flügel befanden sich direkt an den Seiten der Plattform. Hinten und vorn befand sich je ein Höhenruder, denn Maxim wollte beim Abheben Bug und Heck der Maschine unabhängig entlasten. Eine Quersteuerung besaß das Flugzeug nicht, seitlich gesteuert werden sollte es durch eine Veränderung des Zugs von zwei zweiblättrigen Luftschrauben, die unter dem Zentroplan nebeneinander angebracht waren; sie hatten einen Durchmesser von 5,2 m. Die gesamte komplizierte Maschine wurde mit einem Vierradfahrgestell auf Laufschienen bewegt.

Maxim errichtete im Balwyn Park in Kent eine 550 m lange Bahn. Er erprobte das Flugzeug im Rollen erstmals am 12. September 1893. Er verlängerte die Rollzeit, erhöhte die Geschwindigkeit und baute die Maschine nach den neuen Erkenntnissen um. Nach einer Reihe von Vorführungen und Prüfungen erfolgte am 5. Juli 1895 der entscheidende Start in Anwesenheit offizieller Beobachter, die an der Rollbahn standen. Das Flugzeug trug damals Maxim und drei weitere Personen. Nach etwa 300 m Anlauf hob die Maschine etwas ab, flog etwa 180 m dicht über der Bahn, verlor die Stabilität und wurde schwer beschädigt. Maxim reparierte sie zwar wieder, flog aber nicht mehr mit ihr. Er beschäftigte sich noch weiterhin mit dem Flugzeugbau.

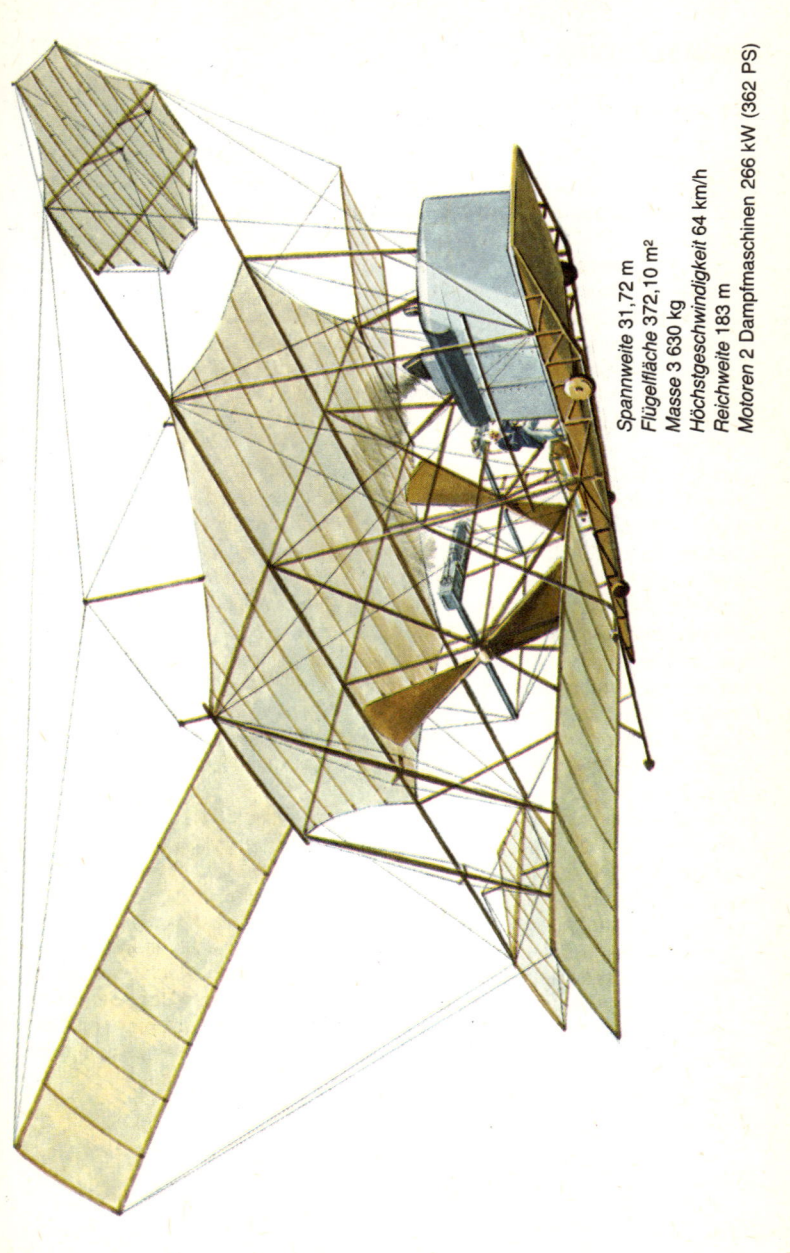

Spannweite 31,72 m
Flügelfläche 372,10 m²
Masse 3 630 kg
Höchstgeschwindigkeit 64 km/h
Reichweite 183 m
Motoren 2 Dampfmaschinen 266 kW (362 PS)

Deutschland

Im Jahre 1889 baute Ingenieur Lilienthal seinen ersten Gleiter vom Hängetyp, gefertigt aus Weidenruten und Stoff, ausgestattet mit einem Leitwerk einfacher und zweckmäßiger Form. Der Pilot – in diesem Falle Lilienthal selbst – hing unter dem Rahmen an der Konstruktion, stützte die Unterarme auf, während der ganze Rumpf frei schwebte. Das war wichtig, denn Lilienthal wollte – und bewies das auch – durch die Veränderung der Lage des Körpers, also des Schwerpunktes steuern. Bereits 1889 entstanden also die Grundlagen des heutigen Fliegens an Rogallo-Drachen.

Er arbeitete mit seinem Bruder Gustav zusammen und ihre Erkenntnisse beschrieben die beiden in dem 1889 erschienenen Buch „Der Vogelflug als Grundlage der Fliegekunst", in dem sie sehr realistisch die Grundlagen des Gleitfluges, die Problematik der automatischen Stabilität, der Profilform des Flügels, die Größe der Tragfläche, die für den Flug des Menschen erforderlich ist usw. darlegten. Das Buch der Brüder Lilienthal wurde für ihre Nachfolger zu einer Art Bibel.

Otto Lilienthal setzte die Arbeiten an der Konstruktion, den Bau und die praktischen Erprobungen seiner Gleiter fort. Schon im ersten Jahr der Experimente gelangen ihm, von Hügeln bei Berlin, den Rhinower Bergen, 25 m weite Gleitflüge. Lilienthal lief, setzte zum Sprung in die Luft an und landete auch wieder auf seinen Füßen – ebenso wie das noch heute bei den Hängegleitfliegern der Fall ist. In den Jahren von 1889 bis 1896 entwickelte er insgesamt 18 Gleitflugzeuge, von denen er tatsächlich 17 auch baute und mit ihnen flog. In diesem Zeitraum unternahm er etwa 2 000 Gleitflüge, und man kann sagen, daß er seine Kunst nahezu vollendet beherrschte.

Aus dieser Zeit existieren mehrere Patentschriften, aber auch eine zuverlässige schriftliche und fotografische Dokumentation. Lilienthals Gleiter besaßen Spannweiten von 7,5 bis 9 m und Tragflächen von 10 bis 20 m². Die Erkenntnis, daß man eine größere Tragfläche benötigt, aber die Ausmaße des Gleitflugzeuges nicht vergrößern darf, führte Lilienthal im Jahre 1895 zum Bau eines Doppeldeckers, des ersten nachweisbar fliegenden in der Geschichte. Es war das Gleitflugzeug Nr. 13 mit einer Spannweite von 5,5 m und einer Fläche von 18 m². Im gleichen Jahr begann sich Lilienthal mit der Motorisierung der Gleiter zu beschäftigen. Er konstruierte, baute und erprobte seinen Motor an einem Gleitflugzeug im Jahre 1895.

Am 9. August 1896 stürzte Otto Lilienthal bei einem Gleitflug ab und erlag am folgenden Tag seinen schweren Verletzungen.

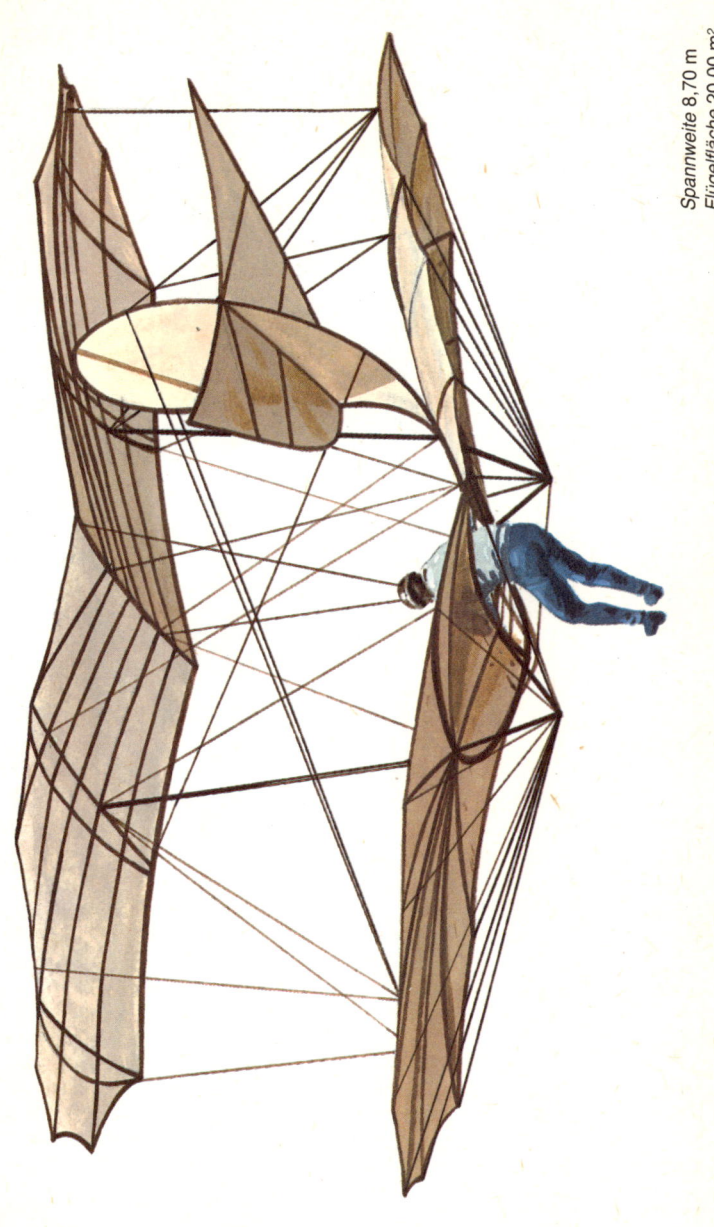

Spannweite 8,70 m
Flügelfläche 20,00 m²

WRIGHT FLYER I   1903

USA

Die neuzeitliche Geschichte der Luftfahrt beginnt mit dem ersten sicheren und gesteuerten Flug von Orville Wright auf dem Doppeldecker Flyer I am 17. Dezember 1903 in den Sanddünen der Kill Devil Hills in North Carolina in den USA. Von Anfang an tendierten die Brüder Wilbur und Orville Wright zu einem Zweidecker-Gleitflugzeug mit einem Höhenruder vor den Flügeln und einem Seitenruder am Heck. Als erste führten sie die Krümmung der Flügelenden in die Praxis ein, also ein einfaches, aber wirksames Verfahren der Quersteuerung. Sie verbanden diese mit der Seitensteuerung, so daß auch Kippbewegungen ausgeführt werden konnten. Der dritte Gleiter aus dem Jahre 1902 erlaubte bereits sichere Flüge von 180 m Weite.

Im Jahre 1903 meinten die Büder Wright genug Erfahrungen zu haben, um mit dem Motorflug zu beginnen. Da sie keinen geeigneten Motor zur Verfügung hatten, konstruierten und bauten sie einen eigenen mit einer Leistung von 9 kW (12 PS) – einen Vierzylinder-Benzinmotor mit einer Masse von 100 kg. Auch Luftschrauben entwickelten sie selbst, weil sie (mit Recht) denen nicht vertrauten, die ihre Vorgänger entwickelt hatten. Ihr Flugzeug Flyer I ging technisch aus dem Gleiter Nr. 3 hervor, hatte also ein Holzgerüst und einen Stoffbezug. Er ruhte auf zwei langen Kufen, die außerdem vor den Flügeln eine doppelte waagerechte Fläche trugen und hinter den Flügeln ein doppeltes Seitenruder. Auf den Unterflügel montierten sie rechts von der Längsachse einen Motor, von dem aus der Antrieb über Gallsche Ketten zu den Druckschrauben lief, die an den Streben und hinter den Flügeln angebracht waren. Links von der Längsachse lag neben dem Motor der Pilot.

Durch Los fiel die Aufgabe des Piloten beim ersten Versuch am 14. Dezember 1903 auf Wilbur. Die Maschine fuhr auf einem zweirädrigen Wagen auf einer Holzschiene an, erhob sich aber an deren Ende nicht in die Luft, sondern fiel in den Sand und wurde beschädigt. Nach der Reparatur war am 17. Dezember 1903 die Reihe an Orville. Er startete um 10.35 Uhr erfolgreich und landete nach einem Flug von 36 m Weite und 1,2 m Höhe. Am selben Tag starteten die Brüder noch dreimal, zuletzt erreichten sie eine Weite von 260 m.

Bei den neueren Typen saßen sie bereits auf dem Unterflügel und konnten sogar einen Pasagier aufnehmen, weil leistungsfähigere Motoren Verwendung fanden.

Einige Historiker zweifeln an der Priorität der Brüder Wright und erkennen sie Gustav Whitehead zu. Dieser aus Bayern stammende Erfinder (eigentlich Weißkopf) behauptete, er sei schon 1901 und 1902 mit seinen ein- und zweimotorigen Flugzeugen in Bridgeport (USA) geflogen. Überzeugende Beweise liegen jedoch nicht vor.

Spannweite 12,25 m
Länge 6,50 m
Flügelfläche 47,60 m²
Masse 368 kg
Höchstgeschwindigkeit 48 km/h
Motor 9 kW (12 PS)

Frankreich

Alberto Santos-Dumont, ein junger und sehr reicher Brasilianer französischer Abstammung, wurde berühmt, als es ihm gelang, für den Flug eines Luftschiffes vom Flugplatz des Aeroclubs in Saint Cloud den Preis in Höhe von 100 000 Francs zu erringen, wobei er den Eiffelturm umkreiste und zum Startplatz zurückkehrte. Santos-Dumont glückte das nach einer Reihe von erfolglosen Versuchen mit seinem Luftschiff Nr. 6 am 19. Oktober 1901. Anschließend widmete er sich sehr intensiv der Entwicklung von Luftschiffen, von denen er insgesamt 16 Stück baute.

Im Jahre 1906 begeisterte sich Santos-Dumont für die Idee, mit einem Gerät zu fliegen, das schwerer als Luft war. Er ging die Sache sehr methodisch an. Er baute ein großes kastenförmiges Flugzeug vom Typ „Ente", das heißt mit kastenförmigem Leitwerk am Bug und einem Druckpropeller am Heck des mit Stoff bespannten Holzrumpfes. Alle Flächen besaßen ein Holz- bzw. Bambusgerüst und waren ebenfalls mit Stoff bespannt. Die Maschine ruhte auf einem Zweiradfahrgestell unter den Flügeln und trug unter dem Bug einen großen Sporn. Am Heck des Rumpfes befand sich ein Antoinette-Motor von 18 kW (24 PS).

Santos-Dumont hängte die Maschine zunächst unter das Luftschiff Nr. 14, ließ sich mit einem Seil von einem Maultier ziehen und übte so das Steuern. Das war recht kompliziert, denn das Querruder steuerte er z. B. durch die Bewegung seines Körpers über ein System von Gurten. Da er unter dem Luftschiff Nr. 14 durch die Luft schwebte, nannte Santos-Dumont das Flugzeug Nr. 14bis. Das erste Mal flog er damit am 13. September 1906 über einer Wiese in Bagatelle. Das Fluggerät besaß bereits einen 50-PS-Antoinette-Motor (38 kW). Es flog 7 m weit in einer Höhe von 0,7 m und havarierte nach dem Aufsetzen. Am 23. Oktober 1906 erreichte Santos-Dumont mit einer vervollkommneten Maschine schon eine Höhe von 3 m und flog 60 m weit. Doch das genügte nicht, um den Preis des französischen Aeroclubs für die Überwindung einer Entfernung von 100 m zu erhalten.

Am 12. November startete Santos-Dumont vor der Kommission des Aeroclubs mit der Maschine Nr. 14bis. In einem wellenförmigen, aber vollkommen kontrollierten Flug legte er die Entfernung von 220 m zurück; auf dem Gipfelpunkt seiner Flugbahn befand er sich etwa 6 m über dem Flugplatz. Kurz vor der Landung begann die Maschine zu taumeln, der Pilot brachte sie aber wieder ins Gleichgewicht und setzte sie sicher auf dem Boden auf. Santos-Dumonts Flug gilt als der erste gesteuerte Flug in Europa.

Spannweite 11,20 m
Länge 9,70 m
Flügelfläche 52,00 m^2
Masse 300 kg
Höchstgeschwindigkeit 40 km/h
Reichweite 220 m

Frankreich

Die Brüder Gabriel und Charles Voisin gründeten im Jahre 1905 in Billan-court eine Flugzeugfabrik. Henry Farman, ein Engländer, der sich in Frank-reich begeistert mit der Luftfahrt beschäftigte, entwickelte sich bald zu einem hervorragenden Piloten und später zu einem guten Konstrukteur.

Die Brüder wählten als ihr Muster einen Kastendrachen. Sie bauten also Doppeldecker, und die Flächen zwischen den Streben bespannten sie mit Leinwand. Entsprechend war auch ihre Lösung für das Leitwerk, das von einer hölzernen Fachwerkkonstruktion getragen wurde. Das Seitenruder brachten sie hinten zwischen den kastenförmigen Flächen an, das Höhen-ruder befand sich vor dem Flügel. Am Bug installierten sie eine kleine Rumpfgondel. Darin saß der Pilot, und hinter ihm befand sich der Motor, der eine Luftschraube antrieb. Die Maschine ruhte auf vier Rädern, von denen die vorderen größer waren. Die Voisins glaubten, daß die Drachen-form dem Flugzeug vollkommene Stabilität verleiht, und hielten deshalb eine Quersteuerung (Querruder oder eine Krümmung der Flügelenden) nicht für erforderlich.

Das erste tatsächlich fliegende Gerät der Brüder Voisin entstand im Frühjahr 1907. Gekauft wurde es von Léon Delagrange, das erste Mal geflogen wurde es allerdings von Charles Voisin auf einer Wiese in Baga-telle. Am 3. März 1907 erhob er sich nur kurz in die Luft und am 30. März gelang ihm ein Flug über 60 m. Die Maschine besaß einen 50-PS-Antoinet-te-Motor (37 kW). Delagrange begann mit ihm erst im November 1907 zu fliegen.

Größeren Ruhm trug die Maschine Henry Farman ein. Dieser erkannte frühzeitig einige Mängel und ließ sich das Flugzeug in die Version Voisin-Farman I umbauen. Es hatte keine senkrechten bespannten Flächen zwi-schen den Flügeln, die in eine leichte V-Form gebracht wurden; verbessert wurde auch das Höhenruder. Farman flog mit diesem Gerät vorwiegend in Issy-les-Moulineaux, wo er um den von Henri Deutsch de la Meurthe und Ernest Archdeacon gestifteten Preis kämpfte. Es ging um 50 000 Francs für einen 1-km-Flug. Am 9. November 1907 gelang ihm dieser, jedoch nicht im Beisein einer Kommission. Erst am 13. Januar 1908 wurde er Träger des ausgeschriebenen Preises. Auf einer Maschine Voisin-Far-man Ibis mit einem Renault-Motor durchflog er eine Strecke von 2 km. Später kehrte er aber wieder zum Antoinette-Motor zurück. Bereits am 30. Mai 1908 gelang es Farman, mit Ernest Archdeacon als Passagier 1 241 m weit zu fliegen. Farman vervollkommnete sein Flugzeug ständig, montierte Querruder an und sogar Landeklappen (gekrümmte Flügelenden), er ver-wendete auch Motoren anderer Marken, z. B. ENV.

Spannweite 10,70 m
Länge 11,30 m
Flügelfläche 44,20 m²
Startmasse 520 kg
Höchstgeschwindigkeit 55 km/h
Reichweite 42 km
Motor Antoinette 37 kW (50 PS)

CODY BRITISH ARMY AEROPLANE Nr. 1　　　1907

Großbritannien

Ab 1903 begann der in Großbritannien lebende Amerikaner Samuel F. Cody mit Drachen zu experimentieren, die zu Freigleitern umgebaut waren. Im Jahre 1905 baute er sogar ein solches Gerät mit 15 m Spannweite. Er flog damit selbst, außerdem sein Sohn Vivian sowie weitere Personen der Garnison. Im Jahre 1907 rüstete er einen Gleiter mit einem 15-PS-Buchet-Motor (11 kW) aus, und da er selbständig zu fliegen begann, stattete das Kriegsministerium Cody mit Mitteln zum Bau eines echten größeren Flugzeuges aus. Es wurde als „British Army Aeroplane Nr. 1" bezeichnet, und Cody konnte daran seine Ansichten über die Steigerung des Auftriebs, die Stabilität und Steuerbarkeit ziemlich frei verwirklichen. Es handelte sich um einen Doppeldecker mit einem Höhenruder vor den Flügeln, einer waagerechten Stabilisierungsfläche zwischen dem Oberflügel und dem Seitenleitwerk am Heck sowie der senkrechten Stabilisierungsfläche über dem Flügel.

Das Datum des ersten Fluges im Mai 1908 wurde nicht offiziell bestätigt, aber der 16. Oktober 1908 war ein ruhmreicher Tag – der erste gesteuerte Flug in Großbritannien fand statt. Cody durchflog 424 m in einer Höhe von 5 bis 6 m und mit einer Geschwindigkeit von 48 km/h. Im Jahre 1909 wurde die Maschine verbessert und flog mit einem Passagier 1 Meile (1609 m) weit. Der Antoinette-Motor wurde ersetzt durch den Typ ENV von 44 kW (60 PS) Leistung, vereinfacht wurden allmählich auch die Höhen- sowie die Steuerflossen, und man ging von der Quersteuerung durch Flächenkrümmung ab. Mit einer deutlich verbesserten Maschine, angetrieben von einem 60-PS-Green-Motor (44 kW) errang der Pilot am 31. Dezember 1910 den Michelin-Preis über 305 km in 4 Stunden und 46 Minuten. Ein Jahr später flog er bereits mit zwei Passagieren. Die Tageszeitung ,,Daily Mail" schrieb einen Wettbewerb rund um England aus, und Cody absolvierte ihn als einziger britischer Teilnehmer.

Im August 1912 nahm er an einem vom Kriegsministerium ausgeschriebenen Wettbewerb für Militärflugzeuge teil. Unter 31 Teilnehmern aus verschiedenen europäischen Ländern erkämpfte Cody den ersten Platz, er erhielt 5 000 Pfund Sterling und wurde sehr populär. Cody war unter anderem Inhaber des britischen Rekords im Dauerflug mit 5 Stunden und 15 Minuten und Teilnehmer an zahlreichen Wettbewerben und Vorführungen.

Seine Maschine besaß mittlerweile sogar fünf Blechsitze für Passagiere. Der verwendete Motor war ein 120-PS-Austro-Daimler (88 kW).

Cody kam bei Experimenten mit einem Wasserflugzeug im August 1913 ums Leben.

Spannweite 15,85 m
Länge 13,41 m
Flügelfläche 73,40 m²
Masse 1 152 kg
Höchstgeschwindigkeit 64 km/h
Reichweite 1 600 m
Motor Antoinette 37 kW (50 PS)

LEVAVASSEUR ANTOINETTE 7　　　　　　1908

Frankreich

Nur durch Zufall wurde der Flug über den Ärmelkanal, der so bedeutend
in die Entwicklung der europäischen Luftfahrt eingriff, von Louis Blériot und
nicht von Hubert Latham verwirklicht.

Hubert Latham flog die Maschine Antoinette 7, die damals das vollkommenste und leistungsstärkste Flugzeug der Welt war. Am 19. Juli startete
er tatsächlich von einer Wiese bei Sangatte in der Nähe von Calais und
steuerte sicher über das Meer. Leider streikte der sonst sehr zuverlässige
Motor, und das Flugzeug mußte schon nach etwa 12 km auf dem Wasser
notlanden. Aber auch daraus ließ sich einiges lernen. Das Flugzeug
schwamm ruhig auf dem Wasser, und so konnte es ein britischer Zerstörer
ohne Schwierigkeiten mitsamt dem Piloten bergen. „Antoinette-Maschinen
sinken nicht!" lautete sogleich der Werbeslogan. Louis Blériot aber gelang
es, sechs Tage später die Meerenge zu überfliegen und sich damit einen
festen Platz in der Luftfahrtgeschichte zu sichern. Latham versuchte, am
27. Juli erneut nach England zu fliegen, aber das Unglück traf ihn wiederum, wenn auch erst in Sichtweite von Dover.

Die Antoinette-Flugzeuge konstruierte Levavasseur, angestellt bei der
Firma Société Antoinette des Jules Gastambid. Levavasseur schuf in erster Linie einen wassergekühlten Reihenmotor, dessen acht Zylinder V-förmig angeordnet waren, mit einer Leistung von 37 kW (50 PS).

Dieser Konstrukteur, der nicht über eine technische Ausbildung verfügte,
besaß ein ausgezeichnetes Gespür für die praktische Konstruktion und die
Anwendung der Aerodynamik, ohne je tiefer in ihre Gesetzmäßigkeiten
einzudringen. Das galt für viele seiner damaligen Kollegen. Nach einigen
weniger geglückten Typen konstruierte er im Oktober 1908 den abgestrebten Eindecker Antoinette 4. Dieser hatte neben aerodynamisch günstigen
Formen auch eine solche Neuheit wie Ruder für die Quersteuerung (bislang überwiegend erreicht durch Krümmung der Flügelenden).

Seit dem Frühjahr 1909 waren die Antoinetteflugzeuge mit dem Namen
Latham verbunden. Im März hielt sich dieser Pilot über eine halbe Stunde
in der Luft, im Mai bereits eine Stunde, und er legte fliegend 5,9 km zurück,
wobei er den Startplatz wieder anflog. Die vervollkommnete Antoinette 7
stellte den Höhenrekord von 155, später 410 und sogar 550 m auf. Zu
Beginn des Jahres 1910 waren es schon 600 und zuletzt 1 000 m.

Latham flog mit der „7" sogar bis nach Berlin auf den Flugplatz in Jo-
hannisthal, wo er sie vorführte und an einem Wettbewerb teilnahm. Die
Erfolge des Piloten und des Flugzeuges waren so groß, daß die deutsche
Firma Albatros die Lizenz erwarb.

Spannweite 12,80 m
Länge 11,50 m
Flügelfläche 30,00 m²
Masse 590 kg
Höchstgeschwindigkeit 85 km/h
Reichweite 40 km
Motor Antoinette 37 kW (50 PS)

Frankreich

Louis Blériot war der Eigentümer einer kleinen Fabrik für Autoscheinwerfer und KFZ-Zubehör, seine gesamten Finanzmittel jedoch steckte er in seine neue Leidenschaft – die Fliegerei. Zunächst besaß er keine klare Konzeption und begann mit einer Art Kastendrachen, erkannte aber schließlich die Vorzüge des Eindeckers.

Er ging letztendlich von der Forderung nach absolut aerodynamischer Form ab und gab einem zweckdienlich abgestrebten Hochdecker mit einem halbgeschlossenen Fachwerkrumpf, einem Bugmotor und Heckfahrwerk den Vorzug. Die so konzipierte Maschine Blériot VIIIbis ermöglichte es ihm, am 31. Oktober 1908 von Tours bis Artenay und zurück (insgesamt 30 km) zu fliegen. Der 50-PS-Antoinette-Motor (37 kW) jedoch zwang ihn, den Flug zweimal mit einer Zwischenlandung zur Instandsetzung zu unterbrechen.

Der Typ Blériot VIIIbis hatte auffällig große Querruder und zwei übereinanderliegende waagerechte Leitwerkflächen. Wesentlich unkomplizierter konstruiert war der nachfolgende Typ Blériot IX mit krümmbaren Flügelenden und sehr einfachem Leitwerk. Die etwas größere Blériot XII trug am 12. Juni 1909 den Piloten und zwei Passagiere.

Die erfolgreichste Konstruktion Blériots vor dem ersten Weltkrieg war der anspruchslos wirkende Hochdecker vom Typ XI, ausgerüstet mit einem 30-PS-REP-Motor (22 kW), mit dem Blériot beschloß, den Preis der britischen Tageszeitung „Daily Mail", d. h. 1 000 Pfund Sterling, für die Überquerung des Ärmelkanals zu erringen. Er verwendete für diesen Flug den Typ XI mit einem 25-PS-Anzani-Motor (18 kW); dies war ein luftgekühlter Dreizylindermotor, fächerartig angeordnet, der mit einem großen Mangel behaftet war, nämlich dem der Überhitzung nach 25 Flugminuten. Blériot riskierte damals viel. Überdies hatte er ein verletztes Bein und ging an Krücken, aber Hubert Lathams mißglückter Versuch vom 19. Juli veranlaßte ihn eher noch zu größerer Aktivität.

Blériot startete am 25. Juli 1909 von Les Baraques bei Calais und flog in einer mittleren Höhe von 100 m. Das Wetter war nicht sonderlich günstig, half aber den Motor zu kühlen. Dieser hielt auch durch, und Blériot landete nach 37 Flugminuten auf der Wiese Northfall Meadow beim Schloß von Dover. Der Flieger wurde zunächst in London und danach auch in Paris triumphal gefeiert. Der Typ Blériot XI verkaufte sich anschließend auch im Ausland gut und war in den meisten europäischen Staaten zu sehen. Blériots Fabrik baute ihn in verschiedenen Modifikationen bis 1915.

Spannweite 8,54 m
Länge 7,62 m
Flügelfläche 14,50 m²
Masse 320 kg
Höchstgeschwindigkeit 72 km/h
Reichweite 40 km
Motor Anzani 18 kW (25 PS)

Österreich

Der Ursprung der „Taube"-Maschinen geht auf das Jahr 1900 zurück. Damals begann der Fabrikant Ignaz Etrich in Trutnov mit Flugversuchen; er hatte 1898 einen von Lilienthals Gleitern gekauft. Mit seinem Sohn Igo erprobte er ihn und ging anschließend daran, eigene Gleitflugzeuge zu konstruieren. Igo übernahm später vom Vater dieses Interesse und widmete sich gemeinsam mit Franz Wels eigenen Konstruktionen. Als Vorbild wählten sie die Samenkapseln der südamerikanischen Palme *Zanonia macrocarpa,* die sich durch eine hervorragende Flugstabilität und bemerkenswerte Gleitfähigkeit auszeichnen. Sie bauten einige Modelle und größere Gleiter nach diesem Muster und versuchten auch die Montage eines Motors. Die Versuche mit den Gleitern aus dem Jahre 1904 waren erfolgreich. Im Jahre 1907 flog ein großer Gleiter mit einem Sandsack anstelle eines Piloten, und am 8. Oktober des gleichen Jahres flog Franz Wels damit bereits ganz sicher. Die weitere Entwicklung und der Wunsch, zum Motorflug überzugehen, waren nicht sogleich von Erfolg gekrönt. Etrich setzte seine Tätigkeit in Wien fort, später in der Wiener Neustadt, wo er am 20. Juli 1909 mit einem neuen Eindecker mit einem 25-PS-Antoinette-Motor (18 kW) startete. Von Wels trennte sich Etrich aufgrund von Meinungsverschiedenheiten hinsichtlich der weiteren Entwicklung. Gemeinsam mit dem Meister aus seiner Werkstatt, Illner, begann er, an einem neuen Flugzeug zu arbeiten. Und so entstand der Typ Taube, dessen Entwicklung im März 1910 abgeschlossen und der am 10. April des gleichen Jahres eingeflogen wurde. Für den Antrieb sorgte ein 41-PS-Clerget-Motor (30 kW). Illner schaltete sich auch in die Flugerprobung ein und wurde später Etrichs Testpilot. Die Fortschritte waren beträchtlich – im April 1910 gelang ein 8-Minutenflug, aber schon im Mai hielt sich die Maschine über 1 Stunde in der Luft und flog von Wien nach der Wiener Neustadt, d. h. eine Strecke von 45 km.

Die „Taube" errang Erfolge bei den Flugwettbewerben 1910 in Budapest, was der Maschine den Weg in die Welt bahnte. Im Herbst 1910 kaufte die deutsche Firma Rumpler die Lizenzrechte an, wodurch die „Taube" Verbreitung in Deutschland fand, u. a. auch in der deutschen Armee. Die Maschinen mit 100-PS-Mercedes-Motoren (75 kW) hatten einen ungewöhnlichen Erfolg und veranlaßten weitere Firmen zur Nachahmung – ohne Lizenzvertrag mit Etrich. Insgesamt zehn Fabriken bauten „Taube" – Nachbildungen mit unterschiedlichen eigenen Modifizierungen.

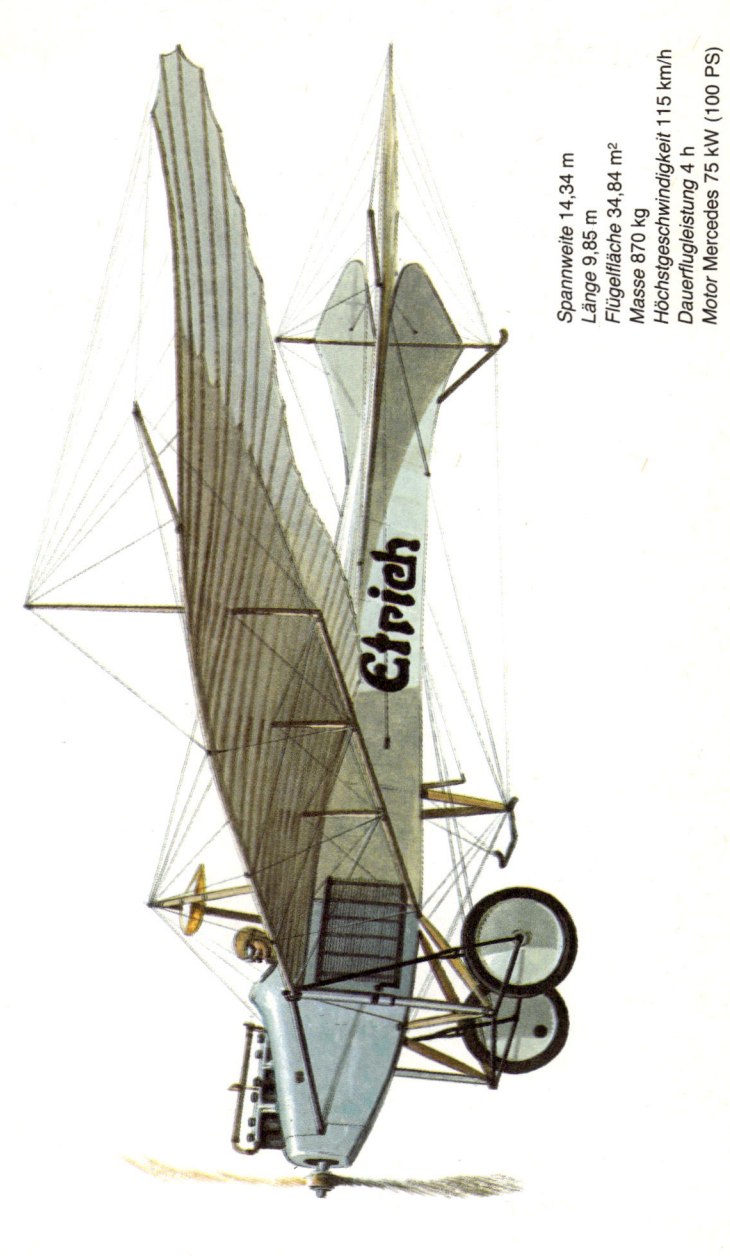

Spannweite 14,34 m
Länge 9,85 m
Flügelfläche 34,84 m²
Masse 870 kg
Höchstgeschwindigkeit 115 km/h
Dauerflugleistung 4 h
Motor Mercedes 75 kW (100 PS)

FABRE HYDRAVION

Frankreich

Der erste Platz in der Konstruktion und erfolgreichen Erprobung von Wasserflugzeugen gehört dem Franzosen Henri Fabre. Zuvor hatte es ähnliche Versuche gegeben, die aber erfolglos blieben. Im Jahre 1901 zum Beispiel baute der Österreicher Wilhelm Kress ein großes Wasserflugzeug; beim Startversuch jedoch ging es unter. Vier Jahre später untenahm der französische Pilot Archdeacon einige Starts mit der Schwimmerkonstruktion von Voisin, und zwar im Schlepp hinter einem Motorboot.

Henri Fabre versuchte schon im Jahre 1909 ein Wasserflugzeug zu bauen, es gelang ihm aber nicht, sich damit von der Wasseroberfläche zu erheben. Er arbeitete weiter an der Konstruktion der Schwimmer und des Flugzeuges selbst. Das Ergebnis dieser Bemühungen war im Jahre 1910 ein neues Flugzeug. Am 28. März 1910 unternahm Fabre damit einen Flug von 500 m Reichweite in 2 m Höhe über dem Wasser. Obgleich er keinerlei Erfahrung als Pilot besaß und niemals zuvor selbständig mit einem Flugzeug geflogen war, beherrschte er die Steuerung seines Schwimmerflugzeuges so gut, daß er schon am nächsten Tag eine Strecke von 6 km zurücklegen konnte. Im Laufe der Erprobung vervollkommnete er seine Konstruktion beträchtlich und korrigierte sie mehrfach deutlich.

Im Einklang mit den damals herrschenden Ansichten besaß auch Fabre ein Flugzeug von Entenform, also mit einer waagerechten Steuerflosse vor dem Flügel. Darin unterschied es sich nicht vom Fluggerät der Gebrüder Wright und von den Maschinen der französischen Luftfahrtpioniere. Seine Maschine kennzeichnete ein ziemlich hoher Fachwerkträger, angebracht an der oberen Fläche des Flügels und des Höhenleitwerks, durch den auch die Luft strömte. Die Rippen waren aus Holz und elastisch, und der Bezugsstoff war an den Flächen gespannt wie die Segel bei einem Schiff. Den Rumpf bildeten unverkleidete Holme, auf dem oberen befand sich der Pilotensitz. Die Maschine ruhte im Wasser auf drei Schwimmern, die eher an flache Flügelabschnitte erinnerten.

Bald nach Henri Fabre widmeten sich weitere Konstrukteure der Entwicklung von Wasserflugzeugen. Der Amerikaner Glenn Curtiss wurde dadurch berühmt, daß er erstmals nur einen großen Schwimmer unter dem Rumpf verwendete und von ihm aus frühzeitig zur Konzeption des Flugbootes gelangte, also zu einem bootsförmigen, direkt auf dem Wasser ruhenden Rumpf. Sein erstes Wasserflugzeug startete am 26. Januar 1911. Im gleichen Jahr erschien auch das erste mit Rädern und Schwimmern ausgestattete Amphibienflugzeug von Gabriel Voisin.

Spannweite 14,0 m
Länge 10,5 m
Flügelfläche 17,0 m²
Masse 475 kg
Höchstgeschwindigkeit 89 km/h
Motor Gnome 36 kW (50 PS)

NIEUPORT IV

Frankreich

Der junge Konstrukteur Édouard Nieuport kam frühzeitig zu sehr fortschritt-
lichen Konzeptionen eines abgestrebten Eindeckers mit gekrümmten Flügelenden. Der Rumpf hatte eine geschlossene Konstruktion aus Holzfach-
werk, bespannt mit Leinwand, der vorn liegende Motor war mit Aluminium-
blech verkleidet.

Das erste Nieuport-Modell aus dem Jahre 1908 flog noch mit offenem
Rumpf, doch schon die Nieuport II wies die klassische Lösung mit dem
völlig geschlossenen Rumpf auf. Sie entstand im neuen Werk Société des
Etablissements Nieuport, flog mit einem 20-PS-Darraq-Zweizylindermotor
(15 kW) und erreichte eine Geschwindigkeit von 72 km/h. Später rüstete
sie Nieuport mit einem eigenen Motor von 20 kW (27 PS) aus und stellte
mit ihr den Geschwindigkeitsrekord von 119,68 km/h auf.

Den Typ Nieuport II verkaufte er recht erfolgreich mit Nieuport-Motoren
oder einem 50-PS-Siebenzylinder-Gnome-Umlaufmotor (37 kW) oder einem 40-PS-Fünfzylinder-Anzani-Motor (30 kW) u. ä. Die Maschinen wurden auch als Zweisitzer erprobt. Die Firma Nieuport verkaufte sie in größeren Stückzahlen in Frankreich sowie im Ausland.

Nach der relativ unbekannten Version Nieuport III kam die Firma mit
dem Typ Nieuport IV auf den Markt, hergestellt in echter Serienproduktion
ab 1911. Die Formen und Konstruktionsdetails wurden vervollkommnet.
Zum typischen Merkmal wurde das Fahrwerk mit einer Kufe, die für den
Schutz der Luftschraube beim möglichen Überschlagen des Flugzeuges
während der Landung sorgte. Den Heckteil der Kufe bildete ein Sporn, auf
dem das Flugzeug stand, so daß der hintere Teil des Rumpfes nicht die
Erde berührte und darum leichter sein konnte. Nieuport ging beinahe ausschließlich zu Stern-Umlaufmotoren vom Typ Gnome mit einer Aluminium-
haube zum Schutz des Piloten vor abspritzendem Öl über. Verwendung
fanden die verschiedensten Motorversionen mit Leistungen von 37 bis
60 kW (50 bis 82 PS). Das Modell IV wurde in Frankreich in einer Stückzahl
von etwa 200 Maschinen für militärische und zivile Auftraggeber sowie für
den Export hergestellt. Auf 300 Stück wuchs diese Zahl, nachdem das
Flugzeug im zaristischen Rußland in Lizenz gebaut wurde.

Mit dem Prototyp der „IV" stellte Nieuport den Geschwindigkeitsrekord
von 133,14 km/h auf, der Pilot Gobé flog im Kreis 740 km in einer geschlossenen Strecke. Bei Wettbewerben um den Gordon-Bennet-Cup in
Großbritannien errang der Amerikaner Weymann im Jahre 1911 mit
125,53 km/h den ersten Platz, während Nieuport mit 120,74 km/h den dritten Platz belegte. Édouard Nieuport kam 1911 bei einem Flugversuch mit
seiner Maschine ums Leben.

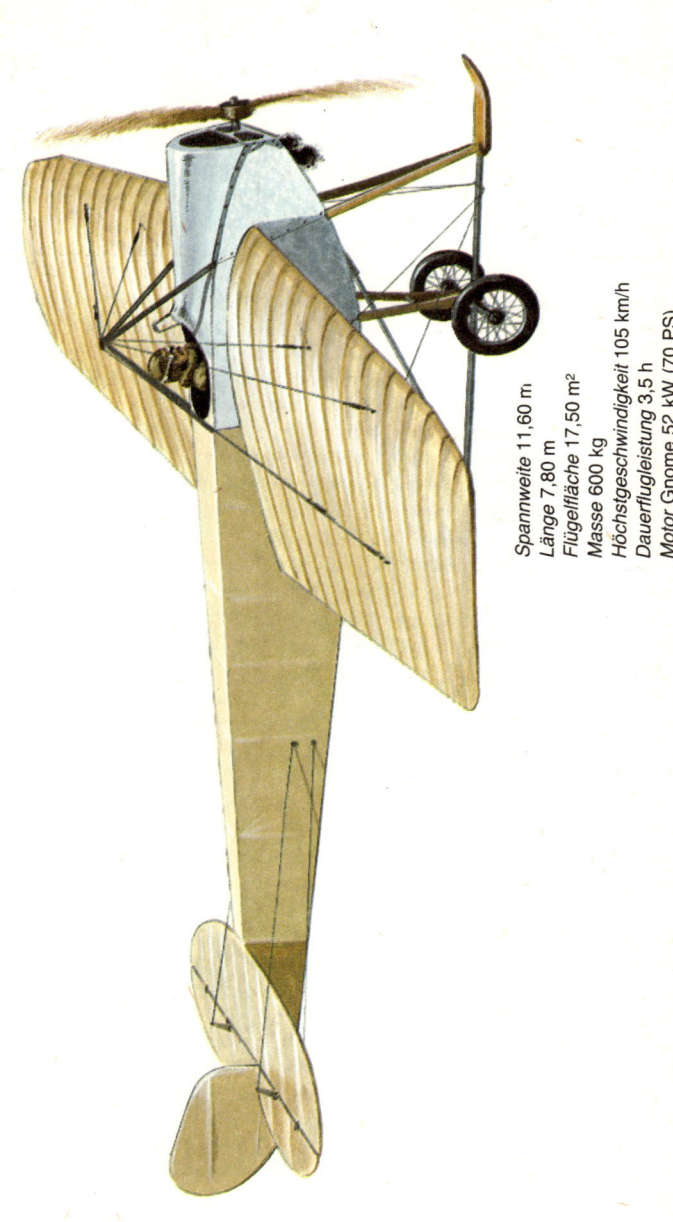

Spannweite 11,60 m
Länge 7,80 m
Flügelfläche 17,50 m²
Masse 600 kg
Höchstgeschwindigkeit 105 km/h
Dauerflugleistung 3,5 h
Motor Gnome 52 kW (70 PS)

DEPERDUSSIN MONOCOQUE   1912

Frankreich

Von Juni 1911 bis September 1913 wurden alle internationalen Geschwindigkeitsrekorde von Flugzeugen des französischen Typs Deperdussin gehalten, die aus der Firma Armand Deperdussin, gegründet 1910 in Reims Société pour les appareils Deperdussin (SPAD), stammten.

Sie waren vor allem das Verdienst des Chefkonstrukteurs Louis Béchereau, dem es von Anfang an gelang, sehr fortschrittliche Konstruktionselemente durchzusetzen.

Nach dem Versuchsmodell A aus dem Jahre 1910 führte die Firma Deperdussin 1911 den Eindecker vom Typ B mit einem teilweise verdeckten 50-PS-Gnome-Umlaufmotor (37 kW) mit zwei Hilfskufen am Fahrwerk vor. Er kam auf eine Geschwindigkeit von 90 km/h und wurde auch in einer etwas größeren Ausführung mit zwei Sitzen und einem 100-PS-Gnome-Motor (74 kW) geliefert. Dieser für seine Zeit ungewöhnlich leistungsfähige Motor entstand durch die Kombination von zwei Siebenzylinder-Gnome–Sternmotoren und war der erste Doppelsternmotor in der Geschichte. Am Europarundflug vom 18. Juni bis 7. Juli 1911 nahmen sieben Maschinen vom Typ Deperdussin B teil. Das von René Vidard gesteuerte Flugzeug belegte den dritten Platz. Deperdussin verkaufte vier Maschinen an die französische Militärluftfahrt und weitere in andere Länder.

Den größten Ruhm erlangten die Rennflugzeuge, die Ende 1911 konstruiert wurden. Sie besaßen hervorragende aerodynamische Formen, und Béchereau entschied sich bei ihrer Konstruktion für das System des Schweizers Ruchonnet – einen dünnen Schalenrumpf aus Holz.

· Am 10. September 1912 gewann Jules Vedrines auf Deperdussin in Chicago den Gordon-Bennett-Cup mit einer Geschwindigkeit von 174,01 km/h auf einer 200 km langen Strecke. Schon davor, von Januar bis Juni 1912, stellte Vedrines auf Deperdussin Geschwindigkeitsrekorde von 145,16 bis 170,78 km/h auf. Im April 1913 wurde Maurice Prevost Gewinner des Schneider-Pokals in Monaco.

Im September 1913 wiederholte Prevost den Erfolg von Vedrines beim Gordon-Bennett-Cup. Geflogen wurde in Reims, und die Firma hatte drei Maschinen mit Gnome-Motoren oder Rhône-Motoren zu je 118 kW (160 PS) geschickt. Am Tag vor dem Start kürzte Béchereau die Spannweite von Prevosts Maschine um 0,65 m und ermöglichte es ihm dadurch, mit einer Geschwindigkeit von 200,5 km/h den Wettbewerb zu gewinnen. Während dieses Wettbewerbs stellte Prevost mit 203,85 km/h auch den Geschwindigkeitsweltrekord auf, eine Leistung, die erst im Jahre 1920 überboten wurde. Prevosts Maschine besaß einen vollkommen verkleideten Motor, einen aerodynamischen Übergang hinter dem Kopf des Piloten und weitere Elemente, die seiner Zeit weit vorauseilten.

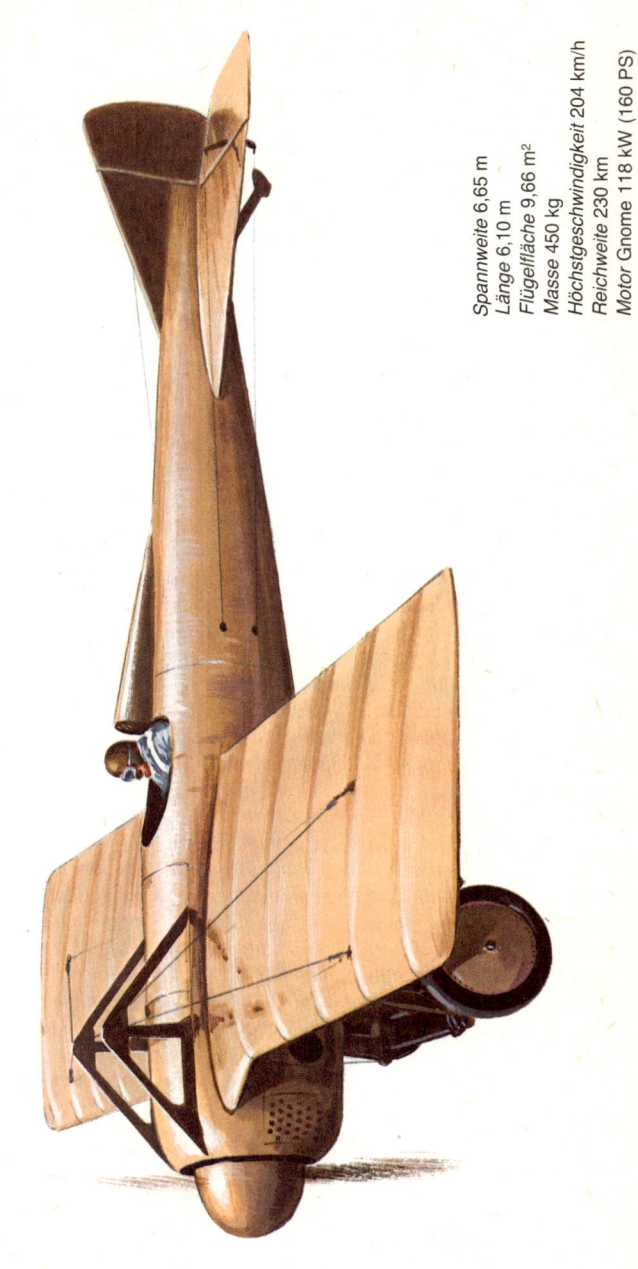

Spannweite 6,65 m
Länge 6,10 m
Flügelfläche 9,66 m²
Masse 450 kg
Höchstgeschwindigkeit 204 km/h
Reichweite 230 km
Motor Gnome 118 kW (160 PS)

SIKORSKI ILJA MUROMEZ   1913

Rußland

Ein mehrmotoriges Großraumflugzeug zu konstruieren und zu bauen gelang unbestritten erstmals dem russischen Techniker Igor Iwanowitsch Sikorski in der Russisch-Baltischen Waggonbaufabrik in Petrograd (heute Leningrad), in der er als Chefkonstrukteur in der Flugzeugbauabteilung tätig war. Nach erfolgreichen einmotorigen Flugzeugen widmete sich Sikorski Ende 1912/Anfang 1913 der Entwicklung des zweimotorigen Typs Grand mit einer geschlossenen Kabine für die Besatzung und die Passagiere.

Den Prototyp der Grand stellte man im März 1913 fertig. Er hatte eine Spannweite von 27 m und eine Flügelfläche von 120 m², daher nannte man ihn „groß". Angetrieben wurde die Maschine von zwei deutschen 100-PS-Argus-Motoren (je 74 kW), installiert am Unterflügel. Sikorski flog sie im März 1913 ein und stellte fest, daß zwei Motoren nicht genügen. Er montierte darum zwei weitere Argus-Motoren hinzu, und zwar mit Druckschrauben. In dieser Ausführung begann Sikorski im gleichen Monat zu fliegen. Er installierte nun alle vier Motoren nebeneinander an der Vorderkante des Unterflügels, überprüfte das Flugzeug noch einmal und flog damit im Juli 1913. Man nannte diese Maschine „Russki Witjas". Am 2. August 1913 hielt er sich mit ihr 1 Stunde und 54 Minuten in der Luft und hatte dabei sieben Fluggäste an Bord. Das stellte einen Weltrekord dar!

Sikorski ging danach zur Konstruktion einer noch größeren Maschine über, die für den praktischen Transport geeignet sein sollte. So entstand die „Ilja Muromez" mit kürzerem Bug, robusterem Rumpf, großen Tragflächen und großem tragendem Höhenleitwerk.

Die „Ilja Muromez" flog ab Oktober 1913 mit vier Argus-Motoren. Am 12. Dezember 1913 stellte sie bereits mit 1 110 kg einen Nutzmasserekord auf, am 12. Februar 1914 hatte sie schon 16 Personen an Bord. Der zweite Prototyp IM-B, der Kiewer, aus dem Frühjahr 1914 war etwas kleiner, erhielt aber leistungsfähigere Argus–Motoren, zwei zu je 103 kW (140 PS) und zwei zu je 92 kW (125 PS). Am 4. Juni 1914 flog er 1 Stunde und 27 Minuten, erreichte 2 000 m Höhe und trug insgesamt elf Personen. Am 5. Juni 1914 hielt sich die Maschine 6 Stunden, 33 Minuten und 10 Sekunden mit fünf Personen in der Luft und flog 689 km; auch dies war ein Weltrekord. Am 16. und 17. Juni 1914 flog man mit einer Zwischenlandung von Petrograd nach Kiew und zurück in 30,5 Stunden reiner Flugzeit. Die beförderte Nutzlast betrug 1 610 kg. Diese Leistungen waren konkurrenzlos in der Welt.

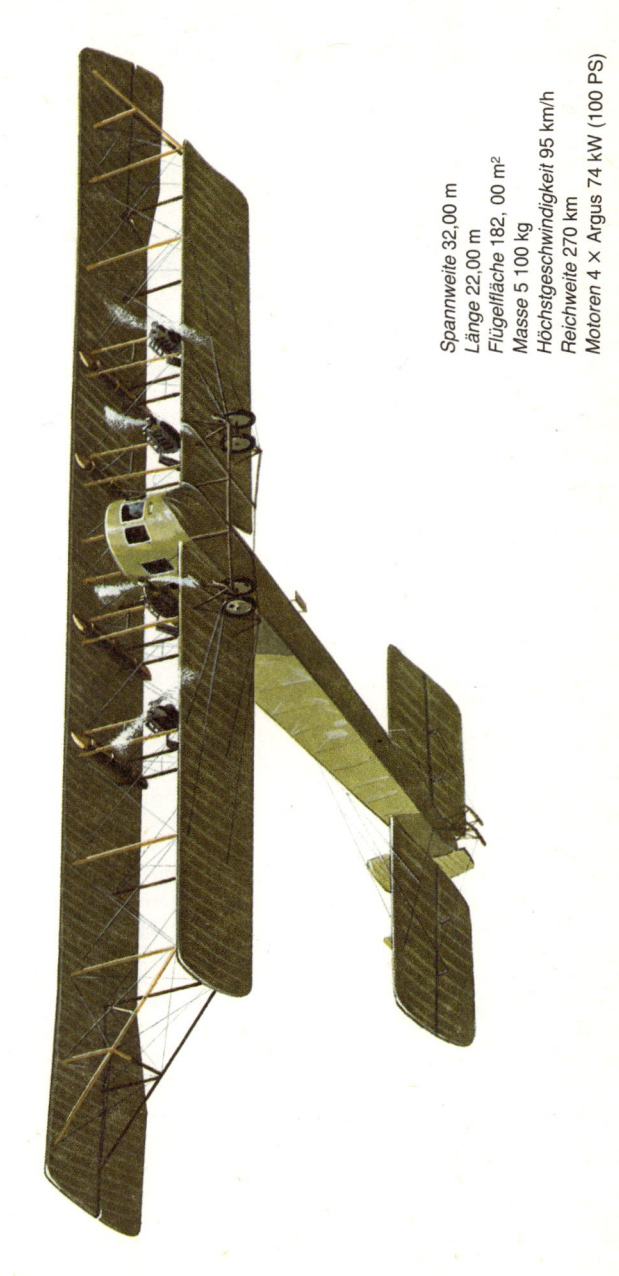

Spannweite 32,00 m
Länge 22,00 m
Flügelfläche 182, 00 m²
Masse 5 100 kg
Höchstgeschwindigkeit 95 km/h
Reichweite 270 km
Motoren 4 × Argus 74 kW (100 PS)

FARMAN F-60 GOLIATH

Frankreich

Kurz nach der Beendigung des ersten Weltkrieges wurde der zweimotorige Transportdoppeldecker der französischen Firma Farman, der Typ F-60 Goliath sehr populär. Die F-60 wies die charakteristischen Elemente von Farmans Konstruktionssystem auf: riesige rechtwinklige Flügel mit enormer Tragfläche, kantige Formen, ein reiches Verstrebungssystem, hölzerne Gerüstkonstruktion, mit Leinwand bespannte Flächen und Sperrholzrumpf. Die Motoren der ersten Maschinen waren sehr schwere wassergekühlte 230-PS-Neunzylinder-Salmson Z-9-Sternmotoren (69 kW). Versuche ergaben, daß die F-60 eine ausgezeichnete Tragfähigkeit besaß sowie kurze Start- und Landestrecken benötigte, aber keine allzu große Geschwindigkeit erreichen konnte. Dennoch trugen diese hervorragenden Maschinen in der Zeit ihrer Entstehung und auch noch danach zur Entwicklung des französischen Luftverkehrs in den zwanziger Jahren bei.

Das Auftauchen der F-60 kam überraschend. Im Februar 1919 transportierte sie einen Piloten und elf Offiziere von Paris nach London. Im April 1919 stieg sie mit vier Personen in 6 300 m, mit vierzehn in 6 200 m Höhe auf und beförderte sogar 26 Personen in eine Höhe von 5 100 m. Im August 1919 legte sie 2 050 km von Paris bis Casablanca in 18 Stunden und 23 Minuten zurück, also mit einer Durchschnittsgeschwindigkeit von 111,5 km/h.

Die Farman F-60 eröffneten im März 1920 einen regelmäßigen Verkehr zwischen London und Paris. Später wurden sie von mehreren Gesellschaften für längere Strecken innerhalb Europas verwendet. Sie kamen auch in Mitteleuropa und sogar in Südamerika zum Einsatz. Die ersten Serienmaschinen verfügten über 260-PS-Salmson CM-9-Motoren (191 kW) und beförderten bereits zwölf Flugpassagiere; vier von ihnen saßen in der Sichtkabine ganz vorn.

Der Vorteil der Goliath-Maschinen war die Möglichkeit, verschiedene Motorentypen zu installieren. Die F-60bis hatten 300-PS-Salmson 9Az-Motoren (220 kW), die F-61 hingegen Renault 12Fe-Motoren mit gleicher Leistung. Die sehr verbreiteten F-61 besaßen auch zwei 450-PS-Lorraine-Dietrich 12Cc-Motoren (330 kW). Luftgekühlte 380-PS-Gnome-Rhône-Jupiter 9A-Sternmotoren (279 kW) hatten die F-63-Maschinen, während der Typ F-169 450-PS-Jupiter 9Akx (330 kW) erhielt. Die Firma Farman baute etwa 80 Goliath-Maschinen aller Versionen.

In der Tschechoslowakei wurden in den Jahren 1927 bis 1929 Versionen der F-62 bei den Firmen Letov und Avia in Lizenz gebaut, jeweils vier Stück, wobei eine als F-63 gebaut wurde. Sie wurden bei der Gesellschaft ČSA von 1928 bis 1930 verwendet, danach galten sie als veraltet.

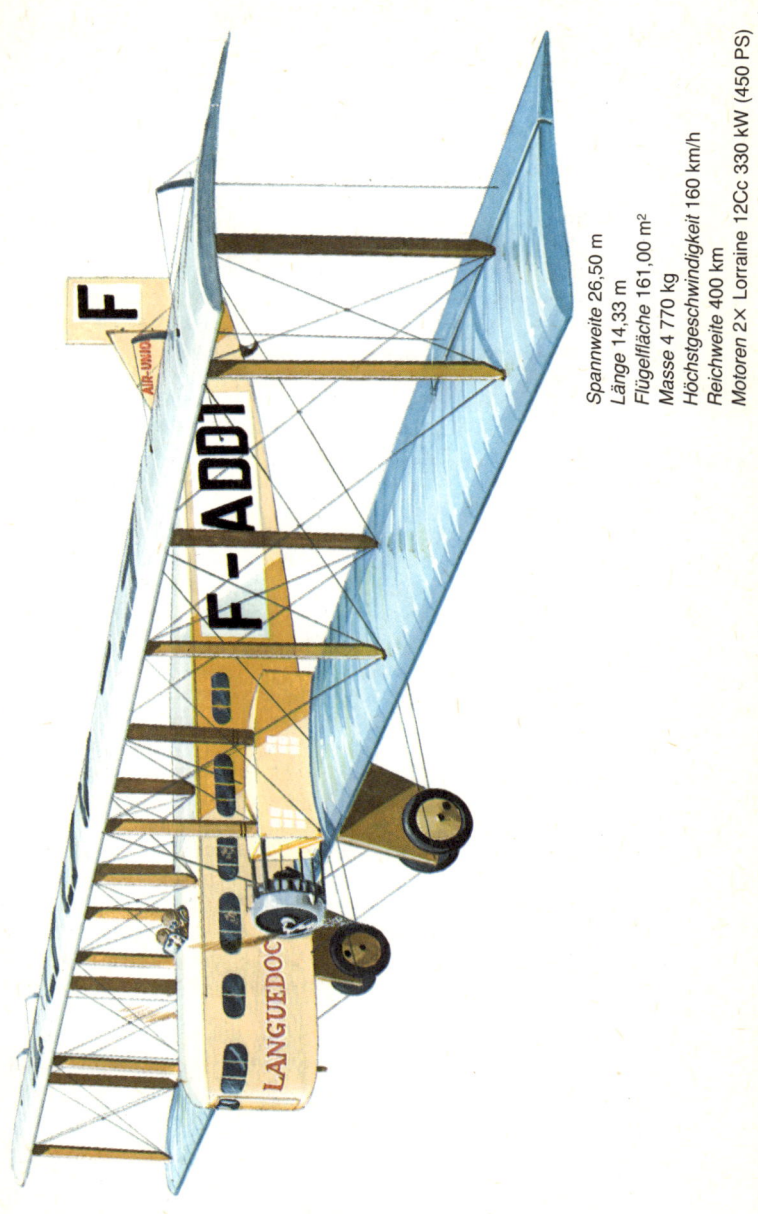

Spannweite 26,50 m
Länge 14,33 m
Flügelfläche 161,00 m²
Masse 4 770 kg
Höchstgeschwindigkeit 160 km/h
Reichweite 400 km
Motoren 2× Lorraine 12Cc 330 kW (450 PS)

VICKERS FB-27 VIMY

Großbritannien

Im Jahre 1914 stiftete der britische Lord Northcliffe einen Preis von 10 000 Pfund Sterling für die Besatzung eines Flugzeuges, das von einem beliebigen Ort des nordamerikanischen Kontinents ohne Zwischenlandung bis zu einem beliebigen Ort in Großbritannien gelangt. Vor dem ersten Weltkrieg blieb dieses Angebot jedoch ungenutzt.

Im Jahre 1919 aber gab es auf einmal eine wahre Lawine von Versuchen. Am 14. Juni 1919 startete in der Morgendämmerung von einer Wiese bei St. John's auf Neufundland eine britische Besatzung, bestehend aus dem Piloten Hauptmann John Alcock und dem Mechaniker und Navigator Arthur Whitten-Brown mit dem Flugzeug Vickers Vimy, um kurz darauf im Nebel zu verschwinden.

Die beiden Flieger waren erfahrene Militärpiloten. Die Firma Vickers hatte ihnen ihren mittleren Bomber vom Typ FB-27 Vimy hergerichtet, der im Krieg schon nicht mehr benutzt worden war. Er besaß ein Holzgerüst, zwei Rolls-Royce-Eagle-Reihenmotoren zu 272 kW (370 PS) und eine offene Pilotenkabine. Für den Rekordflug brachte man im Rumpf hinter dem Cockpit weitere Treibstoffbehälter unter, deren Gesamtfassungsvermögen 3 932 l betrug. Die Maschine war in dieser Ausstattung im April 1919 fertig, die Flieger hatten also nicht viel Zeit zum Training.

Nach dem Start in St. John's erwartete beide eine harte Arbeit. Der größte Teil des Fluges verlief in Nebel und Schneesturm, wobei der Funkverkehr aussetzte und sich die Maschine mit einer Eisschicht überzog. Als dann die Vergaser vereisten, vollbrachte Brown eine unwahrscheinliche Leistung. Er verließ während des Fluges die Kabine, näherte sich über die Spanten und Streben den Motoren und kratzte mit einem Messer das Eis ab. Und das tat er sechsmal während des Fluges! Als am Morgen des 15. Juni unter dem Flugzeug Land auftauchte, beschlossen die ermüdeten Flieger zu landen. Die ausgewählte grüne Fläche war keine Wiese, sondern ein Sumpf, in dem das Fahrwerk der Vimy versank. Die glücklichen Flieger kamen jedoch ohne Schaden heraus. Die Strecke von 3 040 km absolvierten sie in 16 Stunden und 27 Minuten mit einer Geschwindigkeit von 190 km/h. Und da sich der Ort ihrer Landung – Clifden – tatsächlich in Irland befand, erhielten sie den ausgesetzten Preis und wurden außerdem in den Adelstand erhoben.

Mit einem Flugzeug vom Typ Vimy unternahmen die Brüder Smith vom 12. November bis 10. Dezember 1919 den ersten Flug von Großbritannien nach Australien.

Spannweite 21,20 m
Länge 13,20 m
Flügelfläche 122,40 m²
Masse 6 030 kg
Höchstgeschwindigkeit 161 km/h
Reichweite 3 900 km
Motoren 2× Eagle 272 kW (370 PS)

Deutschland

Der Ganzmetall-Transporteindecker Junkers F 13 gilt mit Recht als das
erste europäische Verkehrsflugzeug, das ausschließlich für diesen Zweck
konstruiert wurde. Hergestellt wurde es in der deutschen Firma Junkers
mit Sitz in Dessau. Ihr Inhaber Professor Hugo Junkers tendierte schon
vor dem ersten Weltkrieg zum Bau von Ganzmetallflugzeugen mit freitragenden Flügeln ohne äußere Versteifung und mit ziemlich dickem Profil.
Als Baumaterial erprobte man zunächst Transformatorenstahlblech, dann
aber ging man zu Dural, einer Legierung aus Aluminium, Magnesium und
Kupfer über. Die Flugzeughaut bestand aus Wellblech, die Innenkonstruk-
tion aus dem gleichen Material, verstärkt durch Profile und Rohre. Die
Flügel der Junkers-Konstruktionen hatten mehrere Rohrholme.
Am 11. November 1918, als an der französisch-deutschen Front die
Waffen schwiegen, rief Junkers seine Konstrukteure dazu auf, ein neues
Flugzeug für friedliche Transporte zu entwerfen. Der Ingenieur Otto Reuter
kam nach mehreren Versuchen zum Entwurf J 13, wie die ursprüngliche
Bezeichnung lautete. Die Maschine war ein Tiefdecker mit zwei Pilotensitzen in einer offenen Kanzel, der sich ein geschlossener Raum für vier
Passagiere anschloß, durch Türen von der Seite her zugänglich. Der Motor
war zuerst ein Mercedes D IIIa mit 117 kW (170 PS). Die F 13, „Annelise"
getauft, flog am 25. Juni 1919 zum ersten Mal.
Eine zweite Maschine des gleichen Typs war größer, flog mit einem
185-PS-BMW IIIa-Motor (136 kW) und zeigte eine höhere Leistung und
bessere Eigenschaften. Die geringe Stabilität um die Querachse blieb trotz
aller Veränderungen der entscheidende Mangel, der die Flugzeugführung
erschwerte. Dennoch überzeugte die F 13 sowohl mit ihren Leistungen als
auch durch den ökonomischen Transport und die Anspruchslosigkeit ihrer
Bedienung. Ein Vorteil war ebenfalls die Möglichkeit des Einbaus verschiedener Motorentypen, alles Reihenmotoren wie z. B. die Typen Junkers L 2
(147 kW = 200 PS), L 5 (228 kW = 310 PS), BMW IV (176 kW = 240 PS)
u. ä. Die Maschine konnte Rad-, Schwimmer- und Kufenfahrwerke verwenden.
Die ersten Besteller waren Österreich, die USA und Polen. Der Amerikaner Larsen führte die F 13 in den USA vor, und die dortige Postverwaltung
kaufte im Jahre 1920 23 Maschinen. Die F 13 ging auch in zahlreiche
Länder Europas und darüber hinaus. Einige F 13 taten in Südamerika, in
Afrika und Asien Dienst. Die Sowjetunion kaufte für ihre Zivilluftfahrt 49
Stück, und fünf weitere Flugzeuge baute man hier in eigenen Werkstätten.
Junkers selbst baute in den Jahren 1919 bis 1932 insgesamt 314 Serien-
maschinen F 13 in den verschiedensten Ausführungen.

Spannweite 17,75 m
Länge 9,60 m
Flügelfläche 43,00 m^2
Masse 1 815 kg
Höchstgeschwindigkeit 170 km/h
Reichweite 1 200 km
Motor Junkers L 2 195 kW (265 PS)

CURTISS NC-4 1919

USA

Die ersten, denen der Überflug über den Atlantik von den USA nach Europa in Etappen gelang, waren Piloten der amerikanischen Seeluftfahrt (US Navy).

Im Jahre 1918 baute Curtiss vier große Flugboote NC-1 bis NC-4, die zur Aufklärung von U-Booten in europäischen Gewässern bestimmt waren. Die Flugzeuge hatten eine sechsköpfige Besatzung und vier 420-PS-Liberty 12-Motoren (390 kW); drei von ihnen befanden sich in Zugstellung, der vierte, montiert als Mittelmotor zwischen den Flügeln, trieb eine Druckschraube an. Die Maschinen führten jeweils bis 6 660 l Treibstoff mit, weil man damit rechnete, daß sie durch die Luft bis Europa kommen müßten.

Der Krieg endete, bevor die NC-1 bis NC-4 Flugzeuge die USA verlassen hatten. Ihr Befehlshaber, J. H. Towers, wollte diese hervorragenden Flugboote nicht herumstehen lassen und kam mit dem Befehlshaber der US Navy überein, einen Gruppenflug nach Europa zu veranstalten.

Im Laufe der Vorbereitungen wurde die NC-2-Maschine schwer beschädigt, so daß man sich mit drei Flugzeugen begnügen mußte. Towers entschied sich für die Route New York – Neufundland – Azoren – Portugal – Spanien – Großbritannien. Die Flotte stellte 50 Schiffe zur Verfügung, die man entlang der Strecke postierte, um die Sicherheit der Besatzungen auch bei einem Unglück zu gewährleisten.

Das Geschwader startete unter dem Befehl von J. H. Towers in Rockaway bei New York. Zwischenlandungen zum Warten und Auftanken der Maschinen erfolgten in Chatham (Massachusetts), Halifax (Neuschottland), Trespassey Bay (Neufundland), Horta (Azoren), Belgarde (Azoren), Lissabon (Portugal), Ferrola del Caudillo (Spanien), und der Zielflughafen war Plymouth in Großbritannien. Der Flug verlief dramatisch. Die NC-4 hatte bei Chatham einen Motorschaden, die NC-1 und die NC-3 wechselten in Halifax die Luftschrauben. Die NC-1 versank bei einer Notlandung in der Nähe der Azoren, ihre Besatzung überlebte. Die NC-3 wurde bei einer Notlandung beschädigt und schwamm die verbliebenen 320 km bis zu den Azoren auf dem Wasser. Die NC-4 mit Flugkapitän. A. G. Read wurde bei den Azoren vom Nebel überrascht, sie mußte in Horta notlanden und auf besseres Wetter warten. Sie startete erneut am 8. Mai und war die einzige Maschine, die ihr Ziel erreichte. Sie absolvierte die 6 315 km in 57 Stunden und 16 Minuten Flugzeit, also mit einer Durchschnittsgeschwindigkeit von 110 km/h. Nach Plymouth gelangte sie am 31. Mai 1919. Von den 23 Tagen, die der gesamte Flug in Anspruch nahm, betrug die reine Flugzeit nur zweieinhalb Tage. Dennoch gilt der Flug der NC-4-Maschine als eine Großtat.

Spannweite 38,40 m
Länge 20,80 m
Flügelfläche 226,76 m²
Masse 12 700 kg
Höchstgeschwindigkeit 148 km/h
Reichweite 2 350 km
Motoren 4 × Liberty 12, 309 kW (420 PS)

Deutschland

In den zwanziger Jahren hatte der Name des deutschen Konstrukteurs Dr. Adolf K. Rohrbach in der Flugwelt einen guten Klang. Er wurde im Jahre 1919 Chefkonstrukteur der Zeppelin-Werke für die Flugzeugproduktion in Staaken bei Berlin, und in dieser Funktion setzte er kompromißlos seine Ideen durch. Die Zukunft der Luftfahrt sah er allein in Ganzmetalleindeckern vorwiegend aus Dural. Er bevorzugte freitragende Flügel mit ziemlich dickem Profil, die aerodynamisch günstiger als die bisher verwendeten „Vogel"-Profile der Doppeldeckerflügel waren.

Rohrbach arbeitete bereits davor in den Zeppelin-Werken, wo man während des ersten Weltkrieges große Doppeldeckerbomber, sog. Riesenflugzeuge baute. Sie hatten vier bis sechs Motoren und eine Spannweite von etwa 40 m. Die Motoren waren darüber hinaus unzuverlässig und die Mechaniker mußten während des Fluges an sie herankommen, was die Konstruktion komplizierte und den aerodynamischen Widerstand und die Masse der Zelle erhöhte.

Nach Rohrbachs Vorstellung mußte ein viermotoriges Flugzeug nicht so riesig sein. Er verwendete eine einzige Tragfläche mit aerodynamisch wirksamerem dickem Profil, die bei geringerem Widerstand einen größeren Auftrieb erzeugte. Die Besatzung und die Nutzlast konzentrierte er auf den geräumigen und aerodynamisch ebenfalls günstig geformten Rumpf.

Diese Ideen verarbeitete Dr. Rohrbach in seinem Hochdecker E 4/20, der in den Jahren 1919 und 1920 in den Zeppelin-Werken in Staaken gebaut wurde. Er vollendete ihn im Frühjahr 1920, und kurz darauf wurde der Prototyp erfolgreich eingeflogen. Im Rumpf hatten 12 bis 18 Passagiersitze Platz, die zwei Piloten saßen in einer offenen Kabine auf der Rumpfoberseite. Die Maschine war mit vier nebeneinander angeordneten 245-PS-Maybach-Mb-IVa-Motoren (180 kW) mit Holzschrauben ausgerüstet. Rohrbach wagte es zu jener Zeit noch nicht, freitragende Flügel zu verwenden. Er verstrebte sie auf beiden Seiten mit zwei Profildrähten. Die gesamte E 4/20 war aus glattem Duralblech gefertigt.

Die Versuche verliefen erfolgreich, aber unter Teilnahme einer Kommission, die die Einhaltung der Bedingungen des Versailler Vertrages überwachen mußte, wonach Deutschland keine Großflugzeuge bauen durfte, die für militärische Zwecke geeignet waren. Während der Prüfungen erreichte die Maschine Geschwindigkeiten bis 225 km/h und zeigte gute Flugeigenschaften. Die Prüfungskommission unterbrach jedoch die Arbeit: Zuerst beschlagnahmte sie die Motoren, und im November 1922 ließ sie das Flugzeug vernichten.

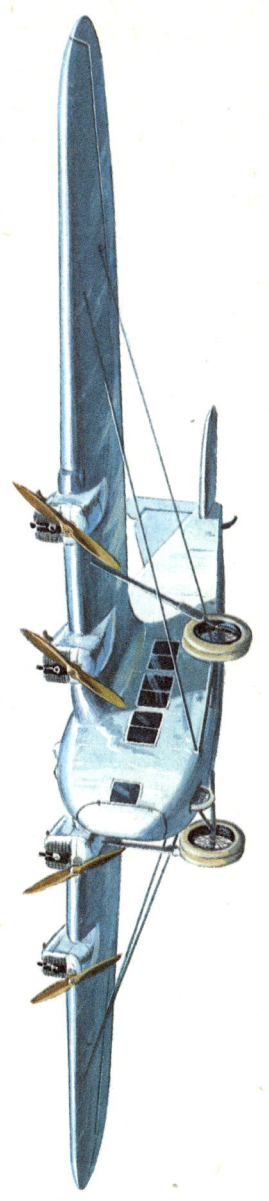

Spannweite 31,00 m
Länge 16,50 m
Flügelfläche 106,25 m²
Masse 8 500 kg
Höchstgeschwindigkeit 225 km/h
Reichweite 1 000 km
Motoren 4 × Maybach IVa 180 kW (245 PS)

CAPRONI Ca-60 TRANSAEREO 1921

Italien

Die italienischen Flugzeugkonstrukteure arbeiteten sich im Laufe des ersten Weltkrieges auf ein bemerkenswertes Niveau vor. Einen guten Ruf erwarben besonders die großen Doppel- und Dreidecker der Firma Caproni. Deren Konstruktionstätigkeit war unermüdlich; es ging um den Bau immer größerer Flugzeuge. Genutzt wurden dafür bewährte Konstruktionselemente, also ständig größer werdende Tragsysteme, eine höhere Motorenanzahl, geräumigere Rümpfe u. a.

Dieses Konstruktionsverfahren führte allerdings in eine Sackgasse. Caproni selbst konnte sich davon am Beispiel des Riesenflugbootes Ca 60 Transaereo überzeugen. Im Jahre 1920 beschloß er, das größte Verkehrsflugzeug der Welt zu bauen. Dazu sollte ein großer Bootsrumpf in Ganzholzkonstruktion dienen, mit reichverglasten Seiten, mit Luxuskajüten für 100 Passagiere und einer achtköpfigen Besatzung. Der Bootsrumpf ging über die gesamte Flugzeuglänge in unverändertem Querschnitt, so daß sein Volumen voll genutzt werden konnte. Er trug auf dem Rücken drei Dreifachflügel, wobei die Flügel wechselseitig zwei schlanke Ganzholzhilfsrümpfe miteinander verbanden, die wiederum die gesamte Flugzeuglänge durchzogen. Das vordere und hintere Ende jedes dieser Hilfsrümpfe hatten je einen amerikanischen 400-PS-Liberty 12-Motor (295 kW), also in Zug- und Druckstellung. Am ersten und dritten Tragflügel befand sich im Mittelteil eine lange Motorengondel. Diese trug am Bug und ebenfalls am Heck je einen Liberty-12-Motor. Die Ca-60 war demnach achtmotorig. Unter dem mittleren Tragflügel befanden sich aufgehängte Ausgleichsschwimmer. Das Ganze hinterließ einen gewaltigen Eindruck.

Am Ufer des Lago Maggiore bei Sesto Calende wurde Ende Februar das Riesenflugboot Ca-60 Transaereo vorbereitet. Die Presse nannte es mit Recht ein „Capronissimo", d. h. ein Flugzeug, das für den Konstrukteur besonders kennzeichnend war, weil sich darin auf einzigartige Weise alle typischen Merkmale seiner Konstruktionsweise von Großflugzeugen verbanden.

Der Schluß war kurz und betrüblich. Es trat das ein, was viele erwartet hatten – beim Startversuch am 4. März 1921 ging das Flugzeug nach kurzem Schweben über dem Wasser zu Bruch und fiel in den See. Die Überreste der Maschine wurden ans Ufer gehievt, einige Zeit dachte man an einen Wiederaufbau, aber dann fiel es einem Brand zum Opfer.

Spannweite 30,00 m.
Länge 23,45 m
Flügelfläche 750,00 m²
Masse 26 000 kg
Höchstgeschwindigkeit 130 km/h
Reichweite 1 000 km
Motoren 8 × Liberty 295 kW (400 PS)

DORNIER Do J WAL

Deutschland

Die Dornier-Flugboote der Reihe Do J, genannt Wal, gehörten zu den berühmtesten Maschinen der zwanziger Jahre, und zwar dank ihrer ausgezeichneten Konzeption. Sie verbanden die Vorzüge des Ganzmetallbaus aus Dural mit aerodynamisch verhältnismäßig reinen Formen und einer zuverlässigen Leistung.

Der Wal entstand im Jahre 1922 auf der Grundlage älterer Projekte. Gebaut in der Dornier-Filiale in Italien, trat er am 6. November 1922 zu seinem Erstflug an. Er hatte damals zwei 300-PS-Hispano-Suiza-8Fb-Motoren (220 kW), im Laufe der Jahre aber verwendete man die verschiedensten Reihen- und Sternmotoren. Die früheste Produktion erfolgte in zwei italienischen Firmen, später wurde die Maschine auch in Spanien, Japan und Holland gebaut. Ab 1923 produzierte man eine Reihe von zivilen Verkehrsmodellen mit Kabinen für acht bis zehn, bei den späteren Ausführungen bis 14 Passagiere.

Außer im erfolgreichen und zuverlässigen Liniendienst machten die Wale auch durch außergewöhnliche Leistungen auf sich aufmerksam. Im Jahre 1926 überquerte man damit den Südatlantik von Spanien nach Argentinien. Der Polarforscher Roald Amundsen benutzte zwei Wale zum Versuch, im Jahre 1925 den Nordpol zu überfliegen; sie kamen jedoch nur über 87 Grad nördlicher Breite. Ein deutscher Wal flog mit von Gronau im Jahre 1930 von Deutschland über Island nach New York und Chicago.

Der Name Wal ist mit der Entwicklung des Postverkehrs zwischen Europa und Südamerika verbunden. Zuerst übernahm man 1930 die Post auf See von einem Dampfer und beförderte sie mit beträchtlichem Vorsprung auf das Festland. Dann versuchte man Post von Europa nach Las Palmas zu bringen, wo sie das Luftschiff „Graf Zeppelin" für den Weiterflug nach Amerika aufnahm. Ab 1933 verwendete man schwimmende Stützpunkte, d. h. Frachtschiffe, ausgerüstet mit Treibstoffbehältern für Flugzeuge, mit Werkstätten und vor allem einem großen Katapult. Die Maschinen landeten bei diesen Schiffen, die etwa 1 500 km von der Küste entfernt vor Anker lagen, füllten ihre Treibstoffvorräte auf und wurden durch das Katapult zum Weiterflug gestartet. Dies senkte beträchtlich den Bedarf an Treibstoff, der sonst für den Anlauf auf dem Wasser benötigt wurde.

Der erste derartige Flug mit einem schwimmenden Stützpunkt erfolgte am 6. Juni 1933 zwischen Bathurst in Afrika und Natal in Brasilien. Ab Februar 1934 flog man regelmäßig zwischen diesen Orten. Später benutzte man dafür die verbesserten Wale der Serie Do JaBos und vor allem den Zehntonner Do JfBos mit größerer Reichweite. Bis zum Ausbruch des Krieges im Jahre 1939 überflogen auch Maschinen der Lufthansa 328 mal den Südatlantik.

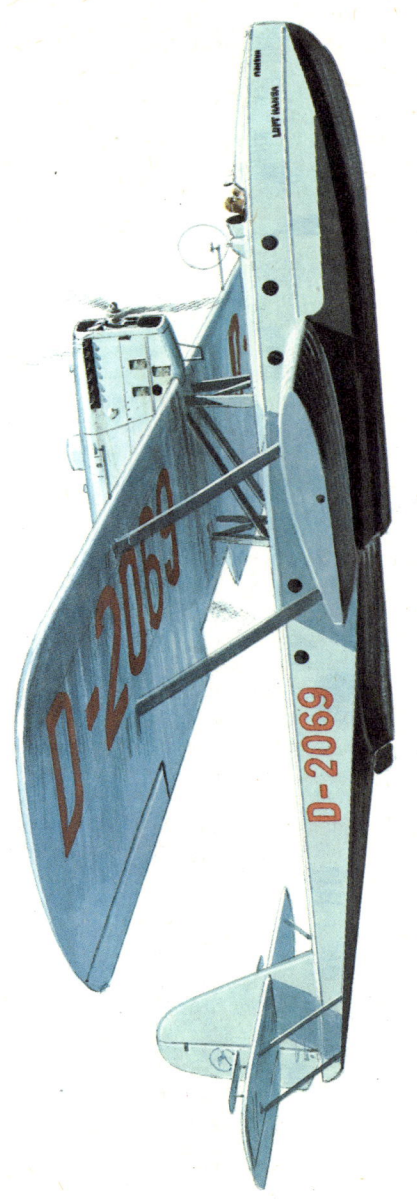

Spannweite 22,50 m
Länge 17,25 m
Flügelfläche 96,00 m²
Masse 5 700 kg
Höchstgeschwindigkeit 180 km/h
Reichweite 1 200 km
Motoren 2 × verschiedene Typen 136–515 kW (185–700 PS)

Frankreich

Im Jahre 1921 stellte die französische Firma Breguet im Aerosalon in Paris den Doppeldecker vom Typ XIX in moderner Ganzmetallkonstruktion aus. Beim Einfliegen im Mai 1922 bestätigte sich, daß es sich um ein außerordentlich leistungsfähiges und zuverlässiges Flugzeug handelte. Die Firma lieferte insgesamt 1100 Stück.

Es ist nicht verwunderlich, daß es sich auch bei einigen bedeutenden Langstreckenfernflügen bewährte. Die Firma Breguet bereitete für Fernflüge drei Maschinen des Typs Breguet XIX GR (Grand Raid – Großer Überflug) vor. Ausgestattet waren sie mit modernsten Geräten und Funk, die Tragfläche wurde durch Verlängerung des Oberflügels um etwa zwei Meter vergrößert, und man montierte größere Treibstofftanks.

Die Flieger Dieudonné Costes und Maurice Bellonte überflogen den Südatlantik zwischen St. Louis in Afrika und Natal mit einer dieser Maschinen, „Nungesser und Coli" benannt zu Ehren der Piloten, die beim Versuch umgekommen waren, fliegend in die USA zu gelangen. Die Strecke von 3 420 km absolvierten sie am 14. und 15. Oktober 1927 in 19 Stunden und 50 Minuten. Vorher hatte das Flugzeug schon den Streckenweltrekord von 5 450 km gebrochen, aufgestellt von der gleichen Besatzung im Jahre 1926 mit einem Flug von Frankreich in den Iran ohne Zwischenlandung.

Das berühmteste Modell der Breguet XIX-Flugzeuge war seinerzeit die XIX TR (Transatlantique Raid). Den Konstrukteuren war es gelungen, noch einmal die Spannweite des Oberflügels zu verlängern, dieses Mal um 2,4 m, ebenfalls den Unterflügel zu vergrößern und das Verstrebungssystem zu modernisieren. Die Treibstoffbehälter faßten 5 570 l, davon befanden sich 200 l in Hilfstanks unter den Unterflügeln. Zum Erfolg sollte auch der 650-PS-Hispano-Suiza 12Nb-Zwölfzylinderreihenmotor (478 kW) mit vervollkommneter Haube beitragen.

Die Breguet XIX TR, genannt auch „Super Bidon", begab sich im September 1929 mit Costes und Bellonte als Besatzung auf einen Langstreckenflug nach Charbin. Diesen konnte man auf 7 905 km bis Wladiwostok ausdehnen. Ein Jahr später, am 1. September 1930, starteten beide Flieger in Paris, um Lindberghs Flug in umgekehrter Richtung zu wiederholen. Nach 37 Studen und 18 Minuten landeten sie auf dem Flughafen Curtiss bei New York, wo Lindbergh sie inmitten einer Menge von 25 000 Menschen begrüßte. Das berühmte Flugzeug, symbolisch „?" getauft, unternahm anschließend einen Rundflug durch die USA von 24 000 km Länge und kehrte in einem großen Bogen nach Paris zurück. Es flog 100 000 km in 602 Stunden.

Spannweite 18,30 m
Länge 11,50 m
Flügelfläche 59,49 m²
Masse 6 690 kg
Höchstgeschwindigkeit 236 km/h
Reichweite 9 500 km
Motor Hispano Suiza 478 kW (650 PS)

DEWOITINE D-7

Frankreich

Nach dem ersten Weltkrieg wurde die Luftfahrt in der Bevölkerung sehr populär, und es stieg die Anzahl der Personen, die sich ihr gern als Sport gewidmet hätten. Nun mußten natürlich für den Flugsport geeignete Geräte geschaffen werden. In der Zeit, als die Motoren der großen Kampfmaschnnen mit einer Leistung von 220 kW (300 PS) zur Spitze zählten, glaubten die meisten Konstrukteure, das ideale Sportflugzeug müßte einen Motor von nur etwa 11 kW (15 PS) besitzen.

So entstand die Kategorie der kleinsten und sehr leichten Flugzeuge, „Avionette" oder auch „Aviette" genannt, was wörtlich „Flugzeugchen" bedeutet. Es handelte sich um ganz subtile Konstruktionen, gewöhnlich mit Holzgerüsten für Tragwerk und Rumpf sowie einer Stoffbespannung. Alles mußte ganz leicht sein, lieferte doch der Motor nur eine niedrige Leistung.

In Großbritannien und Frankreich entstanden zu Beginn der zwanziger Jahre zahlreiche kleine Sportflugzeuge.

Als Beispiel dient hier nun der französische Typ D-7. Sein Konstrukteur Emile Dewoitine begann im Jahre 1922 erfolgreich mit Holzgleitern mit freitragenden Flügeln zu experimentieren. Folgerichtig begann er sich im Winter 1922/23 mit dem Gedanken zu beschäftigen, den Gleiter durch ein einsitziges Motorenflugzeug zu ersetzen. So entstand der Typ D-7, eingeflogen im März 1923. Er hatte ein klassisches Fahrwerk und im Bug einen 12-PS-Clerget-Motor (9 kW). Es zeigte sich, daß er gute Flugeigenschaften hatte, sich nach 80 m Anlauf in die Luft erhob und eine Geschwindigkeit von 70 km/h erreichte.

In den Jahren 1923 und 1924 entstanden insgesamt sechs D-7-Flugzeuge mit unterschiedlicher Ausstattung und verschiedenen Motoren. Es handelte sich um folgende Typen: Clerget 2A mit 10 kW (14 PS), Salmson AD3 mit 12 kW (16 PS), Vaslin 4 mit 11 kW (15 PS) und sogar ein Sechszylinder-Vaslin 6/2 mit 26 kW (35 PS).

Zu den größten Erfolgen der D-7 gehört der Sieg im Wettbewerb um den Preis der Tageszeitung „Le Matin" für die Überquerung des Ärmelkanals hin und zurück. Der Pilot Bardot, der unermüdlich für die D-7 eintrat, unternahm den Flug am 6. Mai 1923. Er startete um 17.00 Uhr in Frankreich und kehrte nach einer Zwischenlandung beim britischen Lympne um 19.44 Uhr zurück. Für den 130 km langen Flug benötigte er 9 l Benzin. Ansonsten hatten die D-7 Pech bei verschiedenen Wettbewerben in Frankreich und landeten gewöhnlich auf dem zweiten und dritten Platz.

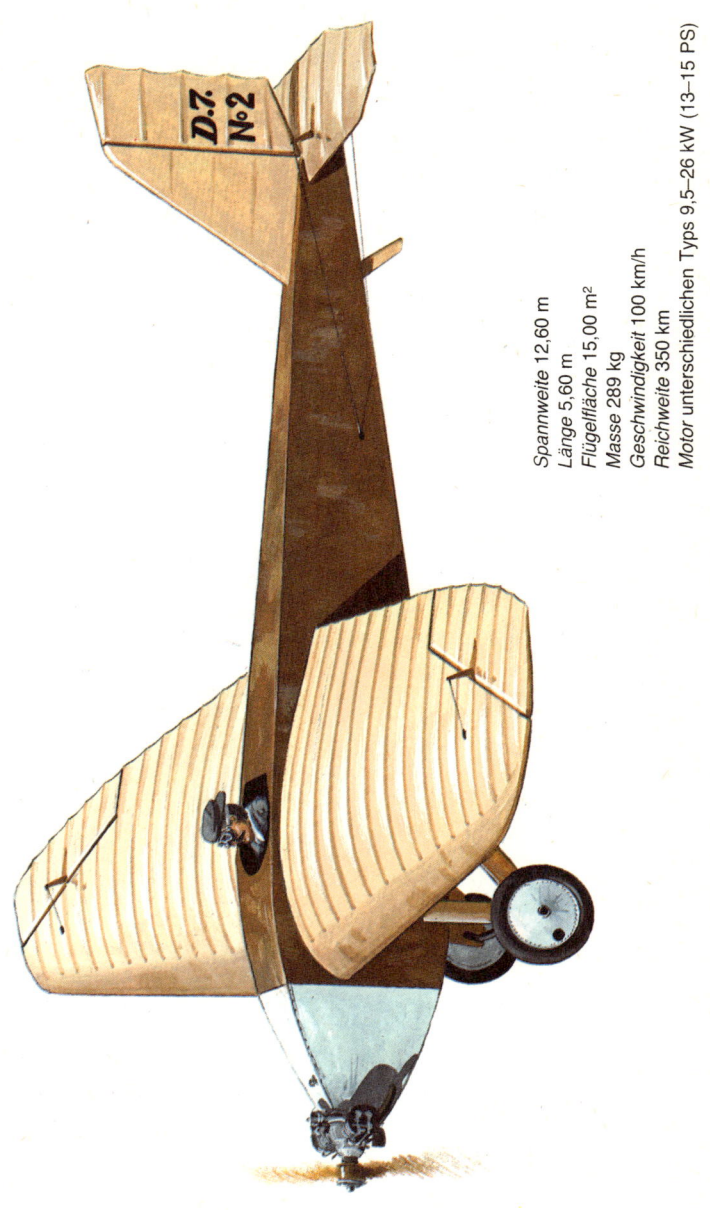

Spannweite 12,60 m
Länge 5,60 m
Flügelfläche 15,00 m²
Masse 289 kg
Geschwindigkeit 100 km/h
Reichweite 350 km
Motor unterschiedlichen Typs 9,5–26 kW (13–15 PS)

CURTISS R2C-1 RACER 1923

USA

Im Jahre 1920 reisten Amerikaner nach Frankreich, um „Geschwindigkeit zu lernen", was besonders für die Firma Curtiss gelten kann. Als Grundlage verwendete diese einen hervorragenden 400-PS-D-12-Zwölfzylinder-V-Motor (294 kW), der nicht nur beim Schnellflug hohe Leistung entwickelte, sondern auch noch verbesserungsfähig war.

Die ersten Rennflugzeuge der Firma Curtiss waren zwei CR-1 aus dem Jahre 1921, Doppeldecker mit D-12-Motoren, Holzluftschrauben und Lamblin-Lamellenkühlern. Bei Wettbewerben um den Pulitzer-Cup im Jahre 1921 erzielte Acosta eine Geschwindigkeit von 284 km/h auf einem geschlossenen Kurs von 200 km Länge. Ein Jahr später tauchten bereits die CR-2–Typen auf, im wesentlichen ähnlich, jedoch mit Oberflächenkühlern, die auf dem Oberflügel installiert waren, und mit Reed-Metallpropellern. Ihre Siege im Deutsch de la Meurthe- (289,4 km/h) und Pulitzer-Wettbewerb (334,5 km/h) zeugen davon, welche Fortschritte erzielt wurden. W. A. Mittchell gelang dann im Oktober 1922 eine Serie von Erfolgen mit der CR-2, so ein Geschwindigkeitsweltrekord mit 358,77 km/h.

Schwimmendes Pendant der CR-2 wurde die CR-3, deren zwei Exemplare im Jahre 1923 den Wettbewerb um den Schneider-Cup beherrschten. Es gewann der Pilot Rittenhouse mit 284,8 km/h, während Irvine mit 279,2 km/h den zweiten Platz belegte. Die CR-3 hatten D-12A-Motoren mit einer Leistung von 340 kW (465 PS). Die CR-2 mit Radfahrwerk siegten dann im Jahre 1923 im Pulitzer-Wettbewerb mit einer Geschwindigkeit von 392,2 km/h auf einer 200 km-Strecke.

Deutlich vervollkommnete CR-Modelle wurden die des Typs R2C-1 aus dem Jahre 1923, mit einem leistungsstärkeren 500-PS-D-12A-Motor (268 kW). 1923 schrieben sie sich zweimal in die Listen der Geschwindigkeitsweltrekorde ein und erreichten dabei Werte von über 400 km/h. Der Pilot Brown setzte am 2. November 1923 die Höchstgeschwindigkeitsmarke auf 411,04 km/h und sein Landsmann Williams zwei Tage später auf 429,96 km/h.

Als weiter verbessertes Modell entstand im Jahre 1925 der Typ R3C-1, ausgestattet mit einem 600-PS-Curtiss V-1400-Motor (440 kW) und einer Reed-Duralluftschraube anstelle der früheren, die aus einem flachen Blatt gebogen war. Die R3C-1 gewann 1925 den Pulitzer-Wettbewerb mit einer Geschwindigkeit von 400,60 km/h. Das Schwimmermodell R3C-2 gewann im Oktober 1925 den Schneider-Cup mit einer Leistung von 374,20 km/h (J. H. Doolittle). Der gleiche Pilot stellte auch einen Rekord für Wasserflugzeuge mit 395,35 km/h über die 3-km-Strecke auf.

Spannweite 6,72 m
Länge 6,00 m
Flügelfläche 13,80 m^2
Masse 942 kg
Höchstgeschwindigkeit 429 km/h
Reichweite 300 km
Motor Curtiss D-12A 368 kW (500 PS)

SAVOIA-MARCHETTI SM-55 1924

Italien

In den zwanziger und dreißiger Jahren sprach man in Luftfahrtkreisen über die italienischen Savoia-Marchetti-Flugboote des Typs SM-55. Die erste SM-55 war eigentlich ein Torpedoflugzeug. Um das Abwerfen eines großen Torpedos während des Fluges zu erleichtern, hängten ihn die Konstrukteure in der Mitte unter den großen Ganzholzflügeln zwischen zwei Bootsrumpfgondeln auf. Es entstand so eigentlich ein Doppelrumpfflugzeug. Von den Gondeln führten die Leitwerkträger nach hinten. Zwei Motoren in Tandemstellung (in Zug- und Druckanordnung) lagen hoch über dem Flügel auf einer Strebenkonstruktion; die Besatzung saß in einem offenen Cockpit in Höhe der Tragflügelvorderkante unter den Motoren. Diese Konstruktionslösung sollte die Stabilität des Flugzeuges auf einer wogenden Wasserfläche gewährleisten.

Nach der Militärversion SM-55M aus dem Jahre 1924 (gebaut und genutzt in verschiedenen Ausführungen bis 1935 etwa 200 Stück) kam im Jahre 1925 ihre zivile Verkehrsvariante SM-55C mit zwei 450-PS-Isotta-Fraschini-Zwölfzylindermotoren (330 kW). In jeder Rumpfgondel befand sich eine Kabine für vier bis fünf Passagiere, die zwei Piloten saßen wiederum unter den Motoren. Die italienische Gesellschaft Aero Espresso Italiana verwendete vom Jahre 1926 an sieben Maschinen auch auf Linien wie Brindisi – Istanbul.

Die vervollkommneten SM-55P aus dem Jahre 1928 hatten zweckmäßiger gestaltete Bootsgondeln, jede für fünf bis sechs Passagiere, und 500-PS-Isotta-Fraschini-Aero R-Motoren (368 kW). Später erhielten sie als SM-55A auch 750-PS-Fiat A-25R-Motoren (551 kW) und erreichten Geschwindigkeiten von 240 km/h. Sie waren bei den größten italienischen Verkehrsgesellschaften zahlreich vertreten und bei der vereinigten Ala Littoria versahen sie bis 1938 ihren Dienst.

Die SM-55-Flugboote waren für ihre Fernflüge berühmt. Im Jahre 1927 unternahm de Pinedo mit seiner Besatzung einen Rundflug nach Süd- und Nordamerika und zurück von 45 000 km Gesamtlänge. Ein Jahr später flog dann eine brasilianische Besatzung mit einer SM-55 ohne Zwischenlandung von Afrika nach Brasilien.

Größter Beliebtheit erfreuten sich Gruppenflüge mit SM-55-Maschinen. So flogen 1930 zwölf SM-55A in einem Geschwader in Etappen von Rom nach Rio de Janeiro, insgesamt 10 460 km. Drei Jahre später begaben sich 24 Maschinen der vervollkommneten Version SM-55X, speziell für diese Aufgabe ausgerüstet, auf einen Flug nach Chicago zur Weltausstellung. Auf dem Weg havarierte ein Flugzeug in Holland und ein zweites beim Rückflug vor den Azoren, sonst traten keine größeren Probleme auf. Die Strecke war 18 500 km lang.

Spannweite 24,00 m
Länge 16,50 m
Flügelfläche 92,00 m²
Masse 7 500 kg
Höchstgeschwindigkeit 207 km/h
Reichweite 1 000 km
Motoren 2 × Asso R 368 kW (500 PS)

USA

Die Firma Douglas baute für den Flug um die Welt vier spezielle Maschinen vom Typ DWC (Douglas World Cruiser), in Anlehnung an die erfolgreichen Torpedoflugzeuge DT-1 und DT-2. Es handelte sich um große Doppeldecker für eine zweiköpfige Besatzung, bestückt mit einem 420-PS-Liberty 12-Motor (309 kW) und ausgestattet mit großen Treibstoffbehältern unter dem Cockpit. Die Maschinen hatten ein festes Radfahrwerk, das man leicht durch Schwimmer ersetzen konnte. Im Rahmen der Vorbereitungen auf den Flug verteilten die Amerikaner auf der vorgesehenen Strecke Fahrwerke, Schwimmer, Ersatzmotoren und weiteres Zubehör für eventuell erforderliche Wartungsarbeiten.

Angeführt wurde das Geschwader von der Maschine namens „Seattle", die der Kommandierende des Flugunternehmens, Major F. L. Martin, steuerte. Die anderen Flugzeuge hießen „Chicago", „Boston" und „New Orleans". Die Gruppe startete am 6. April 1924 mit Schwimmerfahrwerken in Seattle (Staat Washington) und nahm Kurs auf die Aleuten. Die „Seattle" havarierte in den Bergen von Alaska, aber die Besatzung überlebte. Die übrigen drei Maschinen erreichten nach acht Zwischenlandungen Japan, flogen weiter an den Küsten Chinas, Thailands und Burmas sowie Indiens bis Kalkutta. Dort wechselte man die Schwimmer gegen Radfahrwerke aus, und die Maschinen flogen weiter über Indien, Iran, Türkei und die Balkanstaaten bis nach Frankreich und Großbritannien.

Dort erhielten die DWC wieder Schwimmer und flogen in nördlicher Richtung weiter nach Orkney, von dort aus über die Shetland- und die Faröer-Inseln nach Island, Grönland und Labrador. Die Faröer wurden zum Schicksal für das Flugzeug namens „Boston", das wegen eines Motorschadens notlanden mußte. Zum Glück konnte die Besatzung von einem amerikanischen Kriegsschiff geborgen werden.

Auf dem Luftweg kehrten die Maschinen „Chicago" mit der Besatzung Smith und Arnold sowie „New Orleans" mit den Fliegern Nelson und Harding in die USA zurück. Die Reise über den USA zum Ausgangsort in Seattle glich einem Triumphzug – mit Recht. Die Flieger hatten einen 44 340 km langen Flug hinter sich, den sie in 175 Tagen in 371 Stunden und 11 Minuten reiner Flugzeit mit einer Durchschnittsgeschwindigkeit von etwa 120 km/h absolvierten. Für den damaligen Stand der Flugtechnik waren die DWC-Maschinen erfolgreich, wenngleich es zu häufigen Störungen kam und die Motoren 29 mal ausgetauscht werden mußten.

Spannweite 15,30 m
Länge 11,70 m
Masse 3 150/3 500 kg*
Höchstgeschwindigkeit 167/160 km/h
Reichweite 3 500/2 700 km
Motor Liberty 12, 309 kW (420 PS)

Die erste Zahl bezieht sich jeweils auf Maschinen mit Rade die zweite auf
Maschinen mit Schwimmerlandevorrichtung

AVIA BH-11

Tschechoslowakei

Die Tschechoslowakei war eines der Länder, die in Mitteleuropa nach dem ersten Weltkrieg entstanden und keine Tradition in der Flugzeugproduktion besaßen. Dennoch schuf sich dieser junge Staat schon bald eine weitverzweigte und gut funktionierende Flugzeugindustrie und errang hervorragende internationale Erfolge.

Zu den jungen Firmen dieser Periode gehörte Avia, deren gemeinsame Gründer und auch Chefkonstrukteure im Jahre 1919 die Ingenieure Pavel Beneš und Miroslav Hajn wurden. Sie wählten die originelle Lösung eines ganz aus Holz bestehenden Tiefdeckers mit einer Tragfläche, an jeder Seite mit zwei Profilstreben am Rumpf befestigt. Sie besaß an der Wurzel ein schlankes Profil, das sich bis zur Verankerung der Streben verdickte und zum Ende hin wieder verjüngte. Eine Besonderheit war der schmale und hohe hintere Abschnitt des Rumpfes, der die Kielflosse ersetzte.

Überprüft wurden die theoretischen Berechnungen am Prototyp BH-Exp. aus dem Jahre 1921, mit dem in der Leistung stark herabgesetzten alten Motor Austro Daimler mit 22 kW (30 PS). Später flog sie als BH-1 bis mit dem Umlaufmotor Gnome Omega von 37 kW (50 PS). Beträchtlich modernisiert, stellte die Konstruktion BH-5 aus dem Jahre 1923 ein vollwertiges Sportflugzeug mit hohen Flugleistungen dar. Den Antrieb übernahm ein Anzani-Motor 6A3 von 51 kW (71 PS), später der Fünfzylinder-Sternmotor Walter NZ-60 von 44 kW (60 PS). Diese tschechoslowakischen Fünfzylinder-Motoren sorgten für den guten Ruf der einheimischen Sportflugzeuge und Piloten.

Der Typ BH-9 war eigentlich eine „Fünf", hergestellt in Serienproduktion. Die BH-9 unternahmen bemerkenswerte Langstreckenflüge, z. B. Prag-Rom-Belgrad-Prag in Etappen oder Prag-Paris-Prag ohne Zwischenaufenthalt, beide im Jahre 1925. In der neuen Rangliste der internationalen Rekorde der FAI eroberte die BH-9 im Jahre 1927 in ihrer Hubraum-Kategorie mit Flügen über 600 und 1 305 km jeweils den ersten Platz.

Im Jahre 1924 entstand der Typ BH-11 mit kleinen Abwandlungen von der BH-9. In Serie gebaut wurden 25 Maschinen für den Militärflugdienst, der sie für Übungs- und Kurierflüge benutzte. Die BH-11 waren als Sportflugzeuge erfolgreich. Sie gewannen die Jahrespreise 1925 und 1926 des internationalen Wettbewerbs Coppa d'Italia, die zwei ersten Plätze im Wettbewerb der Reiseflugzeuge in Orly im Jahre 1926 und errangen mehrere Siege bei einheimischen Wettbewerben. Im Jahre 1927 hielt die BH-11 den Streckenrekord mit 1740,7 km, und im Sommer 1928 unternahm sie einen Rundflug von 2 500 km und im Herbst einen Flug Prag-Moskau-Kasan-Omsk, der bei Bednodemjansk nach Überwindung einer Distanz von 2 011 km unterbrochen werden mußte.

Spannweite 9,72 m
Länge 6,64 m
Flügelfläche 13,60 m²
Masse 579 kg
Geschwindigkeit 155 km/h
Reichweite 600 km
Motor Walter-NZ-60 44 kW (60 PS)

DORNIER DoB MERKUR

Deutschland

Claudius Dornier betrat im Jahre 1921 mit dem kleinen Hochdecker DoC Komet für einen Piloten und vier Flugpassagiere das Feld der zivilen Verkehrsflugzeuge. Die Zeit war für dieses Unternehmen nicht gerade günstig, weil der Versailler Vertrag für Deutschland nach dem ersten Weltkrieg ein Bauverbot für leistungsfähigere Maschinen festgeschrieben hatte. Dennoch gelang es, die Komet in die Serienproduktion zu überführen, und zwar als Komet I mit einem 185-PS-BMW IIIa-Motor (136 kW) oder Komet II mit einem 250-PS-BMW IV (184 kW). Verwendet wurden sie nicht nur von der Deutschen Luft-Reederei und der Deutschen Aero Lloyd, sondern auch von der Schweizer Ad Astra Aero sowie spanischen, kolumbianischen und sowjetischen Fluggesellschaften.

Noch beliebter war die vergrößerte Komet III aus dem Jahre 1924, ausgelegt für sechs Fluggäste und einen oder zwei Piloten. Viele Maschinen verwendeten 360-PS-Rolls-Royce-Eagle IX-Motoren (265 kW), 450-PS-Napier-Lion (330 kW) oder amerikanische 400-PS-Liberty-Motoren (295 kW). Die Komet III fanden Anerkennung bei deutschen Firmen, traditionell in der Schweiz, in Dänemark, in der UdSSR, aber auch in Japan, wo sie die Firma Kawasaki in Lizenz baute.

Im Februar 1925 flog die Firma Dornier den neuen Typ DoB Merkur ein bei dem alle Erfahrungen aus dem Betrieb der vorangegangenen Komet-Varianten genutzt wurden. Die Merkur war etwas größer, technologisch ausgereifter, aber in der Form so verwandt, daß man die beiden Typen nur mit Mühe auseinanderhalten konnte; die Merkur besaß ein freitragendes Höhenleitwerk, bei der älteren Komet war es verstrebt. Die Merkur war jedoch vor allem leistungsstärker, weil sie vorwiegend mit einem 450/600-PS-BMW VI-Motor (330/440 kW) ausgestattet war.

Die Deutsche Lufthansa hatte 26 Merkur-Maschinen in ihrem Bestand, von denen die meisten Berlin mit dem damaligen Königsberg (heute Kaliningrad) verbanden. Das war eine wichtige Etappe der Strecke Berlin-Moskau, betrieben von der Deutsch-Sowjetischen Gesellschaft Deruluft. Diese besaß ebenfalls neun Merkur, eingesetzt auf der Strecke Moskau-Königsberg. Wasserflugzeuge des Typs Merkur mit Fahrgestell oder Schwimmern fand man auch in Brasilien, Japan, Chile, der Schweiz und der Sowjetunion. Eine der Schweizer Merkur operierte unter der Bezeichnung DoT als Sanitätsmaschine; an der Seite befand sich eine schmale Tür für eine Krankentrage. Eine andere Schweizer Merkur mit der Kennung CH 171 und ausgestattet mit zwei Ganzmetall-Duralschwimmern unternahm von Dezember 1926 bis Februar 1927 einen Etappenflug von 100 Flugstunden von Zürich bis nach Kapstadt in Südafrika.

Spannweite 19,60 m
Länge 12,50 m
Flügelfläche 62,00 m²
Masse 3 600 kg
Höchstgeschwindigkeit 200 km/h
Reichweite 1 050 km
Motor BMW VI 440 KW (600 PS)

Großbritannien

Der zweisitzige Doppeldecker de Havilland DH-60 Moth, dessen Prototyp am 22. Februar 1925 eingeflogen wurde, gilt im Weltmaßstab als das erste tatsächlich gelungene, in größeren Stückzahlen hergestellte und allseitig leistungsfähige Sportflugzeug.

Eines der Elemente des Erfolgs der „Moth" waren auch die Motoren, zuerst 60-PS-ADC-Cirrus I-Triebwerke (44 kW). Konstruiert wurden sie von Major Halford aus Teilen und Zylindern der Renault-Motoren aus der Kriegszeit. Später installierte man auch eine zweite Version mit 62 kW (85 PS) sowie eine dritte mit 66 kW (90 PS), alles luftgekühlte Reihenmotoren mit stehenden Zylindern. Die weitere Entwicklung der Halford-Motoren übernahm die Motorenbauabteilung von de Havilland, wo 1927 die ersten der berühmten Gipsy-Motoren entstanden. Der Typ Gipsy I mit 74 kW (100 PS) war nicht nur leistungsfähiger, sondern auch wesentlich moderner als die Cirrus-Motoren.

Die mit dem Gipsy I ausgerüsteten Maschinen nannte man DH-60G, und sie verkauften sich sehr gut. Der Motor war etwas niedriger angebracht und besaß eine bessere Verkleidung; mit seinen stehenden Zylindern ragte er aus dem Rumpfumriß nicht heraus. Im Jahre 1928 kam die Moth DH-60M mit einem aus Stahlrohren geschweißten und mit Stoff bespannten Rumpf (bis dahin waren die Rümpfe vollständig aus Holz). Eine große Veränderung brachte der Typ DH-60GIII Moth Major aus dem Jahre 1932, der den Reihenmotor Gipsy III mit hängenden Zylindern und einer Leistung von 88 kW (120 PS) nutzte. Dieser Motor war besser verkleidet, und die Propellerachse lag höher, wodurch das Fahrwerk verkleinert werden konnte. 1931 erschien noch die DH-60T Moth Trainer.

Von den Moth-DH-60 aller Versionen entstanden insgesamt 2 186 Stück; im Jahre 1931 lieferte die Fabrik 16 Stück wöchentlich! Am zahlreichsten vertreten waren die DH-60G (805 Stück). Moth-Maschinen bauten auch de Havilland-Filialen in Kanada und Australien. Lizenzen kauften Firmen in den USA, in Frankreich, Finnland, Norwegen sowie weitere Unternehmen in Australien.

Maschinen dieses Typs nahmen durchweg erfolgreich an vielen Wettbewerben ihrer Zeit teil. 1927 bis 1929 unternahm R. R. Bentley auf einer DH-60 zwei Flüge von London nach Kapstadt und zurück; die Pilotin Bailey umflog 1928 auf einer DH-60 Afrika. Die berühmte britische Pilotin Amy Johnson beflog auf einer DH-60G im Mai 1930 als erste Frau die Strecke von Croydon nach Darwin in Australien, und zwar ganz allein. Moth-Maschinen flogen diese Strecke noch viele Male in beiden Richtungen. Am schnellsten absolvierte sie C.W.A. Scott im April 1932; mit einer DH-60M benötigte er dafür 8 Tage, 20 Stunden und 47 Minuten.

Spannweite 8,85 m
Länge 7,26 m
Flügelfläche 20,93 m²
Masse 613 kg
Geschwindigkeit 146 km/h
Reichweite 515 km
Motor ADC Cirrus I 44 kW (60 PS)

FOKKER F-VIIB-3M

Niederlande

Der Holländer A.H.G. Fokker wurde weltbekannt als Konstrukteur von Jagdflugzeugen der deutschen Luftwaffe während des ersten Weltkrieges. Kurz nach dessen Beendigung siedelte er nach Holland über, wo er bereits im Jahre 1919 den Versuchsverkehrshochdecker F-I baute, dessen Hauptmerkmale ganz aus Holz bestehende freitragende Flügel mit dickem Profil und ein aus Stahlrohren zusammengeschweißter und mit Leinwand bespannter Rumpf waren. Diese für seine Zeit sehr fortschrittliche Konzeption entwickelte Fokker nach dem Typ F-VIIa.

Noch im Jahre 1925 meldete Fokker eine dreimotorige Variante für einen Flugzuverlässigkeitswettbewerb an, der in den USA von Ford veranstaltet wurde. Der Typ F-VIIa-3m hatte 220-PS-Wright J-4-Whirlwind-Sternmotoren (162 kW). Fokker flog die neue Maschine am 4. September 1925 ein und erreichte noch das Transportschiff nach Amerika zur Teilnahme am Wettbewerb. Der 3 080 km lange Kurs hatte Start und Ziel in Detroit. Fokker und seine F-VIIa-3m gewannen den Wettbewerb unangefochten. Das Fluggerät blieb in den USA. Ford kaufte es für die Polarexpedition von Bennet und Byrd; in deren Diensten und unter dem Namen „Josephine Ford" überflog es dann am 9. Mai 1926 den Nordpol.

Dieses Ereignis weckte das Interesse für die dreimotorigen Fokker-Maschinen bei einigen Fluggesellschaften. Das Interesse wuchs noch, als Fokker Ende 1927/Anfang 1928 das Tragwerk umgestaltete, es vergrößerte und verstärkte, so daß die Version F-VIIb-3m entstand.

Die F-VIIb-3m flogen mit zwei Mann Besatzung und beförderten acht bis zwölf Flugpassagiere sehr zuverlässig. Es konnten verschiedene Typen vorwiegend von Sternmotoren verwendet werden. Zum Einsatz kamen 16 Typen von Motoren mit Leistungen von 147 bis 370 kW (200 bis 530 PS). Im Ausland wurden die F-VIIb in Italien (Romeo Ro-10), in Großbritannien (Avro 618), in der Tschechoslowakei (Avia) sowie von Firmen in Polen und in Spanien in Lizenz gebaut.

Insgesamt entstanden 145 Maschinen, deren Bedeutung für den Verkehr beträchtlich war. In den USA entwickelte man vervollkommnete Versionen der Fokker – F-10 und F-10a in einer Anzahl von 67 Stück mit Plätzen für 12 bis 14 Flugpassagiere.

Zu den bedeutenden Flügen der F-VIIb gehörten im Jahre 1927 der Überflug USA-Hawaii und ein Postflug von Amsterdam nach Batavia (Jakarta) und zurück, ferner der Überflug von den USA nach Australien durch Kingsford-Smith (mit der berühmten „Southern Cross") im Jahre 1928 u. a. Der Polarflieger Byrd flog im Jahre 1927 von den USA nach Europa, und im Jahre 1928 gelang dies der Amerikanerin A. Earhart auf einer mit zwei Schwimmern ausgestatteten F-VIIb-3m/W.

Spannweite 21,72 m
Länge 14,50 m
Flügelfläche 67,60 m²
Masse 5 250 kg
Höchstgeschwindigkeit 195 km/h
Reichweite 960 km
Motoren 3× Titan 184 kW (250 PS)

USA

Im Jahre 1927 war die Zeit zur Überquerung des Atlantik nicht nur auf dem kürzesten Wege von Küste zu Küste, sondern auch direkt von New York nach Paris herangereift. Auf Long Island bei New York bereiteten sich im Mai 1927 zwei Besatzungen zum Überflug vor. Da kam überraschend der bis dahin völlig unbekannte junge Pilot Charles A. Lindbergh mit seinem einsitzigen Flugzeug vom Typ Ryan NYP und startete am 20. Mai 1927 ohne große Vorbereitungen. Trotz des ungünstigen Wetters nahm er Kurs auf das Meer und verschwand bald spurlos. Er hatte kein Funkgerät an Bord und niemand konnte voraussehen, wie der Flug verlaufen würde.

Auf dem überwiegenden Teil des Fluges verfolgte den Flieger das schlechte Wetter. Nach 29 Stunden entdeckte er die Umrisse eines Festlandes – und war in Irland. Er setzte den Flug entlang der britischen Küste nach Süden fort, überflog den Ärmelkanal und auf der Höhe von Cherbourg die französische Küste. Das genügte für eine telegrafische Mitteilung nach Paris, wo sich auf dem Flugplatz Le Bourget eine riesige Menschenmenge einfand, um ihn zu begrüßen. Nach 33,5 Stunden Flug, wobei er eine Entfernung von 5 800 km zurückgelegt hatte, betrat Lindbergh französischen Boden. Er erhielt für diese Leistung den Raimond-Orteig-Preis in Höhe von 5 000 Pfund Sterling, noch größeren Wert aber hatte seine souverän vollbrachte Tat und die spontane Begeisterung, mit der man ihn überall, wo er hinkam in Frankreich, feierte.

Charles A. Lindbergh war ursprünglich Amateurpilot und wirkte im Jahre 1922 in einer Gruppe sog. Barnstormers mit. Gewisse Zeit diente er bei der Luftwaffe und danach als Postpilot. Im Jahre 1926 flog er auf der Strecke zwischen St. Louis und Chicago. In St. Louis begann er sich mit dem Gedanken an einen Transatlantikflug zu beschäftigen, er erhielt Unterstützung von den dortigen Industriellen, und bei der Firma Ryan bestellte er ein Flugzeug nach seinen Vorstellungen.

Die Konstrukteure gestalteten es nach dem kleinen Verkehrsflugzeug M-2. Dies war ein verstrebter Hochdecker von gemischter Konstruktion, bestückt mit einem 220-PS-Wright J-5C-Whirlwind-Motor (162 kW). Direkt hinter dem Motor befand sich ein Treibstoffbehälter, weitere hatte man an anderen Stellen des Rumpfes und in den Flügeln untergebracht. Insgesamt waren es sechs mit einem Fassungsvermögen von 2 160 l. Der Pilot saß im Rumpf hinter den Behältern und konnte nur seitwärts hinaussehen; für die Sicht nach vorn benötigte er ein Periskop. Da die Maschine in St. Louis und aus Mitteln der dortigen Bewohner gebaut worden war, nannte sie Lindbergh „Spirit of St. Louis".

Spannweite 14,02 m
Länge 8,43 m
Flügelfläche 29,62 m²
Masse 1 310 kg
Höchstgeschwindigkeit 192 km/h
Reichweite 6 730 km
Motor Wright J-5C 162 kW (220 PS)

FORD 5-AT TRI-MOTOR   1928

USA

Der amerikanische Industrielle Ford, der weltbekannte Automobilhersteller, begann sich in den zwanziger Jahren für die Luftfahrt zu interessieren. Finanziell unterstützte er die Tätigkeit der kleinen Firma Stout Metal Airplane Co., die in den USA die Junkers-Konstruktionen unter Verwendung von Duralwellblech als Hauptbaumaterial durchsetzen wollte.

Ford stellte auch für einen Flugzuverlässigkeitswettbewerb finanzielle Mittel zur Verfügung, und als daraus der Fokker-Typ F-VIIa-3m als Sieger hervorging, begeisterte er sich für dessen Eigenschaften. Weniger jedoch gefiel ihm, daß er aus Holz und Stahlrohren bestand und sogar noch mit Leinwand bespannt war. Dem neuen Chefkonstrukteur im Stout Betrieb, Dearborn Hicks, stellte er die Aufgabe, etwas ähnliches zu konstruieren, aber aus Duralwellblech. So entstand der Typ Ford 4-AT mit der Bezeichnung Tri-Motor. Die Maschine flog mit drei 200-PS-Wright-Whirlwind J-4-Motoren (147 kW) und bot zwölf Passagieren Platz. Ford baute dann 78 Flugzeuge vom Typ 4-AT und legte damit den Grundstein für seinen Durchbruch im amerikanischen Luftverkehr.

Dieser erfolgreiche Durchbruch half, ihm, den neuen Typ 5-AT, ebenfalls mit dem Namen Tri-Motor, zu verbessern. Er erschien im Juli 1928. Er besaß noch die Fokker-Merkmale, erhielt aber einen anderen, einen „amerikanischen" Charakter. Er hatte insgesamt größere Abmessungen, war robuster; für den Antrieb sorgten drei 420-PS-Pratt & Whitney-Wasp C-1-Motoren (309 kW). Vor allem jedoch konnte diese Maschine bei gleichbleibenden Betriebskosten 13 bis 15 oder sogar 17 Passagiere befördern.

Die Ford 5-AT wurde von 1928 bis 1933 gebaut, es entstanden insgesamt 117 Stück. Sie brachten eine neue Qualität in den amerikanischen Luftverkehr. Nachdem es mit den amerikanischen Fokker-Maschinen F-10A mit Holzflügeln zu einigen Havarien gekommen war, ordnete das Amt für Luftfahrtsicherheit im März 1931 ein Verbot für den Betrieb der Fokker-Flugzeuge im Luftverkehr an. Das trug wesentlich zur Verbreitung der Ford 5-AT bei, über die alle bedeutenderen amerikanischen Gesellschaften verfügten.

Interessant war die Praxis der Gesellschaft Transkontinental Air Transport, im Juli 1929 auf der Linie New York – Los Angeles eingeführt. Sie kombinierte Tagesflüge in den Ford 5-AT-Maschinen und Nachtreisen in Schlafwagenzügen, wobei die gesamte Entfernung innerhalb von 48 Stunden zurückgelegt wurde. Als dann aber das Problem der Nachtflüge gelöst war, verkürzte sich diese Zeit auf 36 Stunden, und das war ein riesiger Erfolg. Die Ford 5-AT produzierte man in den Versionen A bis D.

Spannweite 23,71 m
Länge 15,18 m
Flügelfläche 77,57 m²
Masse 6 100 kg
Höchstgeschwindigkeit 217 km/h
Reichweite 850 km
Motoren 2 × Wasp C-1 309 kW (420 PS)

LOCKHEED L-5 VEGA   1928

USA

Einer der Träger des Fortschritts unter den amerikanischen Konstrukteuren war J. K. Northrop; 1927 arbeitete er in der kleinen kalifornischen Firma Lockheed. Er konstruierte für sie einen modernen Verkehrshochdecker
in Ganzholzausführung mit glattem Schalenrumpf von kreisrundem Querschnitt und einer geschlossenen Pilotenkabine vor der Flügelvorderkante.
Bezeichnet wurde sie als L-1, und die Firma brachte sie als den Typ Vega
auf den Markt. Eingeflogen wurde sie im Juni 1927 und verkaufte sich dank
Lindberghs Erfolg und dem wachsenden Interesse am Luftverkehr gut. Es
entstanden 28 Serienmaschinen mit einem 420-PS-Pratt & Whitney-Wasp
C-1-Motor (309 kW), ausgelegt für einen Piloten und vier Flugpassagiere.
Angeboten wurde eine Reisegeschwindigkeit von 217 km/h, während die
Konkurrenz 160 km/h nicht überschritt.

Das Interesse zeigte sich im Verkauf von 128 Flugzeugen, meistens der
vervollkommneten L-5-Vega-Version, die 1929 eingeführt wurde. Diese
besaß zuerst einen 430-PS-Wasp B-Motor (316 kW), die Höchstgeschwindigkeit stieg von maximal 288 auf 298 km/h, und die Zahl der Flugäste
stieg auf fünf. Später flogen sie mit einem 450-PS-Wasp SC-1-L-5-Motor
(330 kW), einer Geschwindigkeit von 312 km/h und sechs Passagieren.

Der berühmte indianische einäugige Pilot Wiley Post taufte seine L-58-
Maschine (Wasp C-1-Motor) auf den Namen „Winnie Mae" und ging mit
ihr in die Luftfahrtgeschichte ein. Vom 23. Juni bis zum 1. Juli 1931 unternahm er zusammen mit dem Navigator Harold Gatty einen Rekordge-
schwindigkeitsflug rund um die Erde. Er startete in New York, flog über
Großbritannien, Berlin, Irkutsk und kehrte über Alaska zum Ausgangsort
zurück. Innerhalb von 207 Stunden und 51 Minuten durchflog er
24 945 km. Zwei Jahre später flog Post mit dem gleichen Flugzeug auf
einer ähnlichen Strecke, dieses Mal 25 099 km weit, ganz allein. Der Flug
dauerte 196 Stunden und 49 Minuten (15. bis 22. Juli 1933). Post unternahm dann Höhenflüge mit einer L-5B in einem Skaphander. Im Jahre
1935 fand er beim Versuch, von den USA nach Leningrad zu fliegen, den
Tod.

Die Vega ist auch mit dem Namen der amerikanischen Pilotin Amelie
Earhart verbunden. Im Mai 1932 flog sie als erste Frau allein von Neufundland nach Londonderry (Nordirland) über den Atlantik. Im August 1932 flog
sie dann ohne Zwischenlandung von Los Angeles nach Newark. Im Januar
1935 schließlich flog sie, wiederum allein und ohne Zwischenlandung, in
18 Stunden und 16 Minuten von Honolulu nach Oakland in Kalifornien.

Spannweite 12,50 m
Länge 8,38 m
Flügelfläche 25,55 m²
Masse 2 146 kg
Höchstgeschwindigkeit 312 km/h
Reichweite 800 km
Motor Wasp SC-1 330 kW (450 PS)

SHORT S-8 CALCUTTA 1928

Großbritannien

Großbritannien war in den zwanziger Jahren eine Großmacht. Eines der größten Verkehrsprobleme dieses Landes war der Weg nach Indien, der trotz der Verkürzung des Seeweges durch den Suezkanal über drei Wochen in Anspruch nahm. Im Jahre 1926 wandte sich deshalb die staatliche Fluggesellschaft Imperial Airways an die Firma Short, bei der sie ein Flugzeug in Auftrag gab, das mit 15 Passagieren an Bord das Mittelmeer überfliegen konnte. Die Firma Short hatte Erfahrungen mit Flugbooten und mit der Verwendung von Dural als Konstruktionsmaterial.

Die Short S-8 Calcutta war ein großes Flugboot mit einem Ganzmetallbootsrumpf und einem Metallgerüst der übrigen Bauteile. Letztere besaßen allerdings eine Stoffbespannung. aber auch so konnte die S-8 als fortschrittlich gelten. Der Unterflügel lag auf der Oberseite des Bootsrumpfes auf und der obere trug so hohe Streben, daß zwischen beide Flügel drei Motorgondeln paßten. Es handelte sich um 540-PS-Bristol-Jupiter-Sternmotoren (397 kW). Entsprechend damaligem Brauch saßen die Piloten in einem offenen Cockpit am Bug. Dafür stand den 15 Fluggästen eine geräumige und komfortable Kabine mit Korbsesseln und einem Steward für die Bedienung zur Verfügung.

Der Erstflug einer S-8 fand am 21. Februar 1928 statt, und schon im April nahm die zweite S-8 ihren Liniendienst am Mittelmeer auf. Die Reisenden wurden in Genua an Bord genommen, wohin sie im Schlafwagenzug fuhren. Geflogen wurde dann über Rom, Neapel, Korfu, Athen, Suda Bay und Tobruk nach Alexandria, wobei in jedem der genannten Orte Treibstoff nachgetankt wurde. In Alexandria stieg man auf andere Maschinen um, die sowohl die indische Linie als auch diejenige bedienten, die das südafrikanische Kapstadt ansteuerten. Über das Mittelmeer flogen somit drei S-8-Maschinen, von denen eine im Oktober 1929 in einem Sturm bei Spezia abstürzte, wobei alle Insassen ums Leben kamen. Es erschienen noch zwei weitere S-8-Maschinen. Ab 1931 wurde der östliche Abschnitt verkürzt, weil die S-8 nunmehr von Athen über Haifa nach Bagdad flogen, wo man in Landflugzeuge umstieg, um nach Indien zu gelangen. Die Reise zwischen Großbritannien und Bagdad dauerte sechs Tage, was als Fortschritt angesehen wurde. Nach dem Aufkommen des größeren viermotorigen Typs S-17 zog man die Calcuttas auf die afrikanische Linie zurück. Sie versahen ab Januar 1932 im Abschnitt von Chartum (Sudan) bis Kisum (Kenia) bis 1935 ihren Dienst.

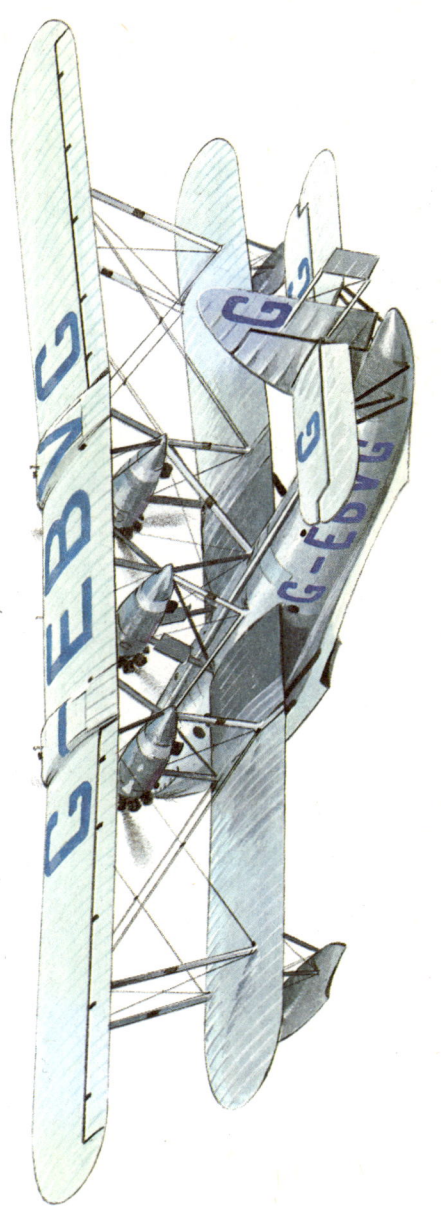

Spannweite 28,36 m
Länge 20,36 m
Flügelfläche 169,77 m²
Masse 10 216 kg
Höchstgeschwindigkeit 190 km/h
Reichweite 1 040 km
Motoren 3 × Jupiter IXF 397 kW (540 PS)

UdSSR

Nur ein einziger Übungs- und Mehrzweckdoppeldecker in der Welt wurde in über 33 000 Exemplaren hergestellt und stand volle 35 Jahre ununterbrochen im Dienst. Dieses Flugzeug war die sowjetische Maschine U-2, ab 1944 (nach Polikarpows Tod) als Po-2 bekannt.

N. N. Polikarpow entwickelte diese Maschine als Standardschulflugzeug für die sowjetische Militärluftfahrt und Aeroklubs im Jahre 1927; zum Einfliegen bereitete er sie am 7. Januar 1928 vor. Dieses ziemlich große Flugzeug mit Ganzholzgerüst und Stoffbespannung war mit einem neuen 100-PS-Fünfzylinder-Sternmotor von A. D. Schwezow – M-11 (74 kW) ausgestattet.

Ab 1930 wurden dann die U-2-Maschinen in Serie gebaut, zunächst im Werk „Krasny Ljotschik", später in anderen Betrieben, besonders in kleineren. Die U-2 besaß nämlich eine Reihe vorzüglicher Eigenschaften, vor allem eine sehr einfache Technologie, die auch unter erschwerten Bedingungen durchführbar blieb. Ihr Betrieb war problemlos, wenig anspruchsvoll, sie benötigte keine größeren Flugplätze und konnte auch unter ungünstigen Witterungsbedingungen fliegen. Im Falle einer Havarie schließlich bereitete die Reparatur keinerlei Schwierigkeiten.

Die Schulflugzeuge waren zweisitzig, die Sitze hintereinander; eine doppelte Steuerung war vorhanden. Die meisten Flugzeuge wurden mit drei Sitzen geliefert, einer für den Piloten und zwei für Passagiere in offenen Kabinen. Verwendet wurden sie als Militärkuriermaschinen, aber auch im kleinen Städteverkehr, für Dienstreisen usw. In einigen Flugzeugfabriken wurden auch Maschinen mit Kabinenüberdachungen mit Fenstern für die Fluggäste und den Piloten gebaut. Die dreisitzigen U-2 nannte man U-2SP.

Eine andere Bestimmung der U-2 war das Versprühen von Chemikalien im Dienste der Land- und Forstwirtschaft. Die U-2AP hatten im Rumpf einen Behälter für 200 kg Chemikalien und unter dem Rumpf eine Sprühanlage, die ein seitlich angebrachter Ventilator in Betrieb setzte. Zwischen 1930 und 1940 entstanden 1235 Stück und weitere baute man als Po-2A nach dem Krieg. Die Sanitäts-U-2S, gebaut ab 1934, trugen im Verdeck an der Oberseite des Rumpfes eine Krankentrage und bewährten sich in entlegenen Gebieten der UdSSR zur Sicherung der medizinischen Versorgung. Während des Krieges entstand eine Reihe von Modifikationen, z. B. mit zwei Kojen für Krankentragen am unteren Flügel. Die Verkehrsgesellschaft Aeroflot benutzte Kabinenverkehrsmaschinen U-2L (Po-2L) für zwei Passagiere – eine Modifikation beförderte bis sechs Personen. Während des Krieges erfüllten die U-2 Aufgaben in der Ausbildung, im Transport sowie im Kampf.

Spannweite 11,40 m
Länge 8,17 m
Flügelfläche 33,15 m²
Masse 890 kg
Geschwindigkeit 156 km/h
Reichweite 400 km
Motor M-11, 74 kW (100 PS)

KLEMM L-25

Deutschland

Die deutsche Firma Klemm entstand ursprünglich als Luftfahrtfiliale der Karosseriefabrik Daimler, und ihre Erzeugnisse wurden in den Jahren 1920 bis 1927 mit Klemm-Daimler bezeichnet. Das „L" geht zurück auf den Namen des Konstrukteurs Robert Lusser, des beharrlichen Verfechters der selbsttragenden, vorwiegend aus Holz gefertigten Eindecker mit Motoren von geringer Leistung.

Den Weg zum Typ L-25 bestimmte die L-20 aus dem Jahre 1924 mit einem Motor von 15 kW (20 PS); die Flügelenden konnte man krümmen, so daß sie als Querruder wirkten. Die L-20 wurde beliebt.

Die L-25 stellte die vollkommenste Ausführung der L-20 dar, bereits mit Querrudern und vollendeten Formen. Ausgestattet werden konnte sie mit Motoren mit einer Leistung von 15 kW (20 PS) – das galt für den Prototyp der L-25 aus dem Jahre 1928 – bis 88 kW (120 PS). Sie wurde in mehreren Jahren in einer Serie von etwa 600 Stück gefertigt, was zu jener Zeit einmalig war. Dennoch gab es wenige gleiche Maschinen, da insgesamt 28 Varianten erschienen. Sie unterschieden sich im Hinblick auf die Motoren und auch in weiteren Details.

Die L-25l war z. B. eine Version mit einem Motor Salmson AD9 von 29 kW (40 PS), die L-25c hatte einen Motor Hirth HM-60 mit 51 kW (70 PS), die L-25d einen HM-60R mit 59 kW (80 PS), die L-25e einen Motor Argus As8 mit 70 kW (95 PS) oder sogar einen As8 III mit 88 kW (120 PS). Es existierte auch eine Schwimmerversion WL-25 und eine dreisitzige VL-25. Im Jahre 1929 erschien eine leicht verstärkte Version, genannt L-26, bestimmt vor allem für Motoren mit einer Leistung im Bereich von 59 bis 88 kW (79 bis 120 PS). Vom Typ L-26 entstanden 160 Stück.

Bezüglich den großen Leistungen der L-25 sei an den Dauerrekord der Französin Bastie vom 4. bis 5. September 1930 erinnert, die 37 Stunden und 55 Minuten in der Luft blieb. Sie benutzte eine L-25l, und auf einer solchen Maschine versuchte Wolf Hirth von Berlin nach New York zu fliegen, aufgrund schlechten Wetters mußte er jedoch in Island landen. Ernst Udet gelang es, in einer L-25 mit Kufen in dem Sattel des Mönchsjochs in 3 600 m Höhe in den Alpen zu landen. Die Flugzeuge L-25 und L-26 wurden populäre Teilnehmer bei internationalen Wettbewerben, z. B. bei der Challenge Internationale. Im Jahre 1929 beteiligten sich sechs, ein Jahr später neun Maschinen. Beim sogenannten Deutschlandflug im Jahre 1933 waren von 125 Flugzeugen am Start 83 vom Typ L-25 und L-26. Die L-25 wurde ebenfalls in Großbritannien in Lizenz als British Klemm Swallow gebaut.

Spannweite 13,00 m
Länge 7,50 m
Flügelfläche 20,00 m²
Masse 720 kg
Reichweite 650 km
Motor Hirth HM 60, 51 kW (70 PS)

JUNKERS G 38

1929

Deutschland

Professor Hugo Junkers, der Gründer und Chefaerodynamiker der bekannten Fabrik für Flugzeuge, hielt von jeher das starke Nurflügelflugzeug ohne Schwanzflächen für die ideale Lösung. Für die zwanziger Jahre jedoch war dies eine ökonomisch wie technologisch kaum zu lösende Aufgabe. Man mußte sich mit einem Kompromiß begnügen, also mit einem Flugzeug, in dessen sehr dicken freitragenden Flügeln nicht nur die Motoren, sondern auch ein Teil der Passagiere untergebracht werden konnten; der größere Teil reiste allerdings im klassischen Rumpf, der gegenüber den riesigen Flügeln beträchtlich verkleinert erschien. Dieser Rumpf war auch für die Schwanzflächen unerläßlich, die die Stabilität und Steuerbarkeit dieses Riesen gewährleisteten.

Junkers entschloß sich zur Arbeit an dieser umfangreichen Aufgabe schon im Jahre 1928. Die Firma gewann zusätzliche Erfahrungen in der Verarbeitung von Duralblech, -rohren und -profilen als Ausgangsmaterial für den Flugzeugbau.

Die neue G 38 startete am 6. November 1929. Sie sah nicht gerade elegant aus. Der Flügel mit einer Spannweite von 44,00 m hatte am Rumpf ein Profil von 10,8 Länge und eine Höhe von 2,08 m. Ein so großer Raum mußte vor allem zur Installation der Motoren zur Verfügung stehen. Näher am Rumpf befanden sich zwei 662-PS-Junkers L 55 (487 kW) und weiter entfernt zwei 400-PS-L 8 (294 kW). Im März und April 1930 stellte die G 38 insgesamt sechs internationale Rekorde mit 5 000 kg Nutzlast, u. a. die Entfernung von 501,6 km, die Flugdauer von 3 Stunden und 2 Minuten sowie die Geschwindigkeit von 184,46 km/h über einem geschlossenen Kurs von 100 km. Es folgten mehrere Vorführungsflüge und – nach dem Austausch der Innenmotoren gegen L 88a mit 588 kW (800 PS) – der Dienst in den Lufthansa-Farben im Juni und Juli 1931.

Während des großzügigen Umbaues, der im Herbst 1931 begann, wurde das zweite Passagierdeck eingerichtet, so daß die Zahl der Fluggäste nun 30 statt 19 erreichte. Alle vier Motoren waren seit dem Umbau L 88a. An die Flügelhinterkante montierte man die sog. Junkers-Doppelflügel, also Landeklappen und Querruder mit auffallender Spalte.

Die zweite, G 38b (auch als G 38ce bekannt), begann ihre Flüge im Juni 1932. Sie entsprach technisch der ersten umgebauten Maschine mit L 88a Triebwerken, bot jedoch für 34 Fluggäste Platz. Die G 38b diente bei der Lufthansa ab Juli 1932 in regelmäßigem Flugverkehr.

Im Jahre 1934 erhielten beide Maschinen die Jumo 4 Dieselmotoren von 551 kW (750 PS). Die G 38a unternahm dann verschiedene Werbeflüge und fand ihr Ende 1936 bei einem Unfall in Dessau. Die G 38b flog bei der Lufthansa weiter bis 1939.

128

Spannweite 44,00 m
Länge 23,20 m
Flügelfläche 305,00 m²
Masse 21 200 kg
Höchstgeschwindigkeit 210 km/h
Reichweite 3 500 km
Motoren 4 × L-88 (L-88a) 588 kW (800 PS)

DORNIER Do X 1929

Deutschland

Die deutsche Firma Dornier beschloß 1928, ein Riesenflugboot zu bauen, und zwar für Fernflüge mit einer größeren Anzahl von Passagieren in Luxuskabinen. So entstand das Flugboot Do X, zur Zeit seiner Erprobung das größte Flugzeug der Welt.

Do X-1, wie der Prototyp erst hieß, hatte einen Mehrdeckrumpf mit etlichen Kabinen für die zehnköpfige Besatzung und 66 bis 100 Fluggäste. Die halb freitragenden Flügel wiesen Verstrebungen auf, die zu den zur Stabilisierung auf dem Wasser bestimmten Flügelstummeln führten. Schwierigkeiten gab es mit den Motoren. Da keine leistungsstarken Typen zur Verfügung standen, mußte Dornier zwölf 525-PS-Siemens-Jupiter-Motoren (386 kW) verwenden. Man installierte sie in je sechs Tandempaaren über dem Oberflügel und verband sie mit der Hilfstragfläche. Während des Fluges waren sie zugänglich.

Der erste Flug fand am 12. Juli 1929 mit 25 Personen an Bord statt, am 21. Oktober flog man sogar mit 169, also mit der größten Anzahl von Personen, die bis zu diesem Zeitpunkt in einem Flugzeug befördert worden war. Es zeigte sich jedoch, daß die Installation der Motoren zu schwierig und wenig effektiv war. Dornier kaufte amerikanische 600-PS-Curtiss-Conqueror V-1540-Motoren (441 kW), wassergekühlt, so daß die Komplikationen mit der Kühlung der Druckmotoren entfielen. Ihre Installation war wesentlich einfacher, auch die Hilfstragfläche wurde überflüssig. Die Gipfelhöhe stieg zwar von 300 auf 420 m, sonst aber verbesserten sich die Flugeigenschaften nicht.

Die Do X-1 unternahm zwischen dem 5. November 1930 und 14. November 1932 einen Flug von Deutschland über Holland, England und Portugal entlang der westafrikanischen Küste auf die Kapverdischen Inseln und von dort bis Südamerika. An der Ostküste gelangte man nach New York und flog von dort über Neufundland, die Azoren und Portugal zurück. Man hielt sich ständig in geringer Höhe, über dem Ozean zwischen 5 und 80 m, und dies erwies sich als unpraktisch.

Allein Italien zeigte Interesse an so großen Flugbooten. Es kaufte zwei Prototypen, angetrieben von zwölf italienischen 610-PS-Fiat A-22R-Motoren (448 kW) und mit einigen aerodynamischen Veränderungen. Die erste Maschine, D X-2, unternahm am 16. Mai 1931 ihren Erstflug über dem Bodensee; da alles Unwichtige aus dem Flugzeug entfernt wurde und ihre Startmasse dadurch niedriger wurde, erzielte sie eine Gipfelhöhe von über 500 m. Bei dem Übergabeflug gelang dann tatsächlich auch eine Überquerung der Alpen nach Italien. Die andere Maschine, für Italien gebaut, die Do X-3, durchlief weitere Veränderungen, deren Ergebnis eine Gipfelhöhe von 2 000 m war. In Italien bewährten sich jedoch nicht.

Spannweite 48,00 m
Länge 40,05 m
Flügelfläche 486,20 m²
Masse 48 000 kg
Höchstgeschwindigkeit 211 km/h
Reichweite 2 000 km
Motoren 12 × Jupiter 386 kW (525 PS)

Großbritannien

Den großen Doppeldecker Handley Page HP-42 kann man zu Recht als Vertreter der britischen Schule des Baus großer Verkehrsflugzeuge zu Beginn der dreißiger Jahre bezeichnen: Keinerlei übertriebenes Streben nach Fortschritt, aber hohe Zuverlässigkeit, leistungsfähige und solide Fluggeräte.

Die HP-42 entstand auf der Grundlage einer Bestellung der Imperial Airways aus dem Jahre 1928. Sie gab eine Maschine in Auftrag, einsetzbar für kurze europäische Strecken (HP-42W, manchmal auch als HP-45 bezeichnet) wie für lange Strecken aus dem Gebiet des Mittelmeeres bis nach Indien und Südafrika (HP-42E). Die Zelle sollte die gleiche sein, die Motoren ebenso (Bristol Jupiter), nur mit unterschiedlicher Leistung, je nach der Startmasse. Die HP-42W sollten mit 13 760 kg Masse starten und mit 555-PS-X. FMB-Motoren (je 407 kW) ausgerüstet sein, während die leichteren HP-42E mit 12 800 kg Masse die sparsameren 490-PS-Jupiter-XIF-Motoren (360 kW) hatten. Die HP-42W beförderte 38 Passagiere in sehr bequemen Kabinen, während die HP-42E über größere Entfernungen 18 Fluggäste aufnahm, natürlich mit einem Komfort, der dem eines Luxusdampfers nicht nachstand.

Die HP-42 hatten in jedem Fall ein Ganzmetallgerüst. Die Tragflächen waren mit Leinwand bespannt. An der Vorderkante des Oberflügels befand sich ein automatisch ausfahrender Vorflügel. Der Ganzmetallrumpf hatte zur Sicherung des Kabinenteils eine zusätzliche Verkleidung aus Duralwellblech. Nur das Rumpfende besaß eine Stoffbespannung. Die Motoren lagen nahe am Rumpf, damit sie bei einem eventuellen Ausfall das Steuern nicht unnötig erschwerten.

Der majestätische Prototyp der HP-42E startete am 14. November 1930 zum ersten Mal; im Juni 1931 begann diese Maschine zwischen London und Paris zu fliegen, aber bald schon wechselte sie auf die ursprünglich für sie bestimmte Linie zwischen Kairo und Karatschi über. Die erste der europäischen HP-42W startete im Frühjahr 1931. Die Firma Handley Page produzierte je vier Maschinen beider Versionen. Man nannte sie auch „Flugzeuge der Klasse H", denn alle trugen Namen, die mit dem Buchstaben „H" begannen. Das Flaggflugzeug wurde jene „Hannibal" vom November 1930, die übrigen hießen „Hadrian", „Hanno" und „Horas" (Serie E), sowie „Hercules", „Horatius", „Hengist" und „Helene" (Serie W).

Die HP-42W steigerten die Leistungen im Personenluftverkehr zwischen den britischen Inseln und dem Festland beträchtlich. Bis zum Juli 1937 beförderten sie 80 000 Personen und legten eine Strecke von 1,6 Millionen km zurück. Zu Beginn des zweiten Weltkrieges galten die HP-42 schon als veraltet, dienten aber weiter, vor allem als Militärtransporter.

Spannweite 39,92 m
Länge 28,10 m
Flügelfläche 287,05 m²
Masse 12 800 kg
Höchstgeschwindigkeit 193 km/h
Reichweite 1 800 km
Motoren 4 × Jupiter X 407 kW (555 PS)

Deutschland

Die Junkers-Fabrik verzeichnete mit ihrem einmotorigen Flugzeug F 13 zweifellos große Erfolge. Schon früh jedoch zeigte sich, daß man bei einem regelmäßigen Langstreckenverkehr nicht ohne mehrmotorige Typen zur Beförderung von mehr Fluggästen auskommt. Die dreimotorige Lösung lieferte der Maschine nicht nur die genügende Leistung, sondern bot auch eine Sicherheitsgarantie.

Junkers brachte 1924 die dreimotorige G 23 für acht bis neun Passagiere auf den Markt, danach im Jahre 1925 die vervollkommnete G 24 mit zehn Plätzen für Fluggäste. Der Typ G 31 aus dem Jahre 1926 besaß schon eine Kabine für 15 Personen und bewährte sich auch als Frachtflugzeug.

Im April 1931 flog die Firma den Prototyp Ju 52/3m als dreimotorige Version des ursprünglichen einmotorigen Frachttyps Ju 52 ein. So entstand das letzte und erfolgreichste Junkers-Flugzeug, das aus Duralwellblech gebaut war. Die Ju 52/3 m hatte drei amerikanische 552-PS-Pratt & Whitney-Hornet-Motoren (406 kW), wobei die äußeren leicht nach außen gedrehte Achsen besaßen, als würden sie auseinanderlaufen. Bei Ausfall eines Motors konnte so die Maschine besser ihre Richtung halten.

Nach einigen Exemplaren, hergestellt im Jahre 1932, zumeist als Frachtflugzeuge für ausländische Auftraggeber, folgte im Jahre 1933 die eigentliche Serienproduktion der grundlegenden Transportversion Ju 52/3m für die Lufthansa und weitere Interessenten. Die Maschinen hatten 660-PS-BMV 132 A-oder E-Motoren (485 kW), verkleidete Räder am Festfahrwerk, einen verdeckten Townendring an den inneren und NACA-Hauben an den äußeren Motoren. An der Tragflügelhinterkante befanden sich Spaltklappen und Spaltquerruder. Die Flugzeuge besaßen gewöhnlich eine dreiköpfige Besatzung und beförderten bis zu 17 Fluggäste, auf längeren Strecken normalerweise nur 15.

Schon im Sommer 1932 führte die Lufthansa ihre Ju 52/3m auf den internationalen Linien und exponierten Inlandlinien ein. Sie erhielt so leistungsfähige und zuverlässige Maschinen, die jedoch nicht so ökonomisch waren wie die zeitgenössischen amerikanischen Douglas DC-2. Junkers exportierte Flugzeuge dieses Typs erfolgreich in verschiedene Länder.

Bis zum Ausbruch des Krieges im Jahre 1939 baute die Firma Junkers über 1 600 Maschinen, vorwiegend für den Zivilverkehr. Nach 1939 produzierte man fast ausschließlich Militärtransporter und Luftlandemaschinen, bis 1944 entstanden insgesamt 4 835 Stück. Eine Reihe von Maschinen flog noch lange nach dem Krieg, die Schweizer Maschinen sogar bis in die Gegenwart.

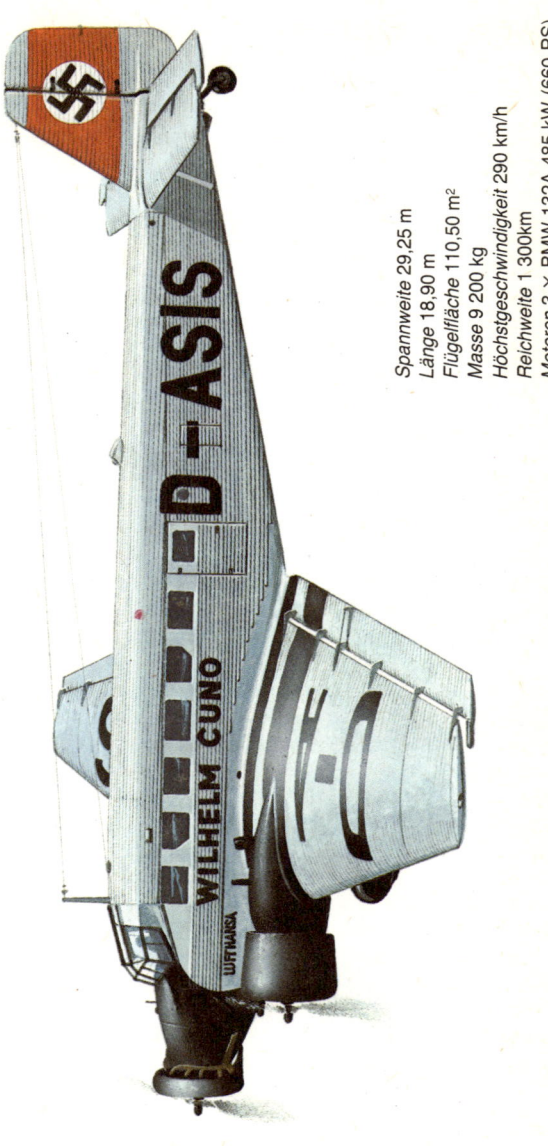

Spannweite 29,25 m
Länge 18,90 m
Flügelfläche 110,50 m²
Masse 9 200 kg
Höchstgeschwindigkeit 290 km/h
Reichweite 1 300km
Motoren 3 × BMW 132A 485 kW (660 PS)

Frankreich

Das französische Luftfahrtministerium schrieb bereits im Jahre 1928 einen Konstruktionswettbewerb für ein Flugzeug aus, das imstande sein sollte, eine Tonne Postfracht zwischen Afrika und Südamerika zu befördern. Den Sieg trug die Firma Latécoère mit ihrem Typ Laté-300 davon.

Er startete im Jahre 1931; es handelte sich um einen abgestrebten Hochdecker in Metallkonstruktion. Der niedrige und schlanke Bootsrumpf war ganz aus Metall gefertigt, einschließlich der Stabilisierungsstummel der Flügel an den Seiten, die an das System Dornier erinnerten. Das Gerüst der übrigen Teile bestand ebenfalls aus Metall, allerdings mit Stoff überzogen. Vier 650-PS-Hispano-Suiza 12Nbr-Reihenmotoren (478 kW) waren zu zwei Tandempaaren am Flügel angeordnet. Die Maschine flog mit einer vierköpfigen Besatzung.

Kurz nach dem Erstflug stürzte der Prototyp bei Marseille ins Wasser und versank, konnte jedoch gehoben und neu aufgebaut werden, und am 7. Oktober 1932 flog er erneut – diesmal ohne Schwierigkeiten. Er erhielt die Bezeichnung „Croix du Sud" (Kreuz des Südens), und im Dezember 1933 gelang ihm ein internationaler Rekord für Wasserflugzeuge mit einem Flug von Frankreich nach Senegal (3 679 km). Am 3. Januar 1934 begab er sich auf die Reise von Dakar nach Natal. Auf dieser Strecke wurde dann eine reguläre Fluglinie eingerichtet. In der Sommersaison 1934 realisierte er sechs Verbindungen, aber am 6. Dezember verschwand er spurlos über dem Atlantik. Gesteuert wurde er von dem erfahrenen Flieger Jean Mermoz, der davor 23mal den Atlantik überquert hatte.

Die Gesellschaft Air France bestellte dann eine vervollkommnete Laté-301 und benutzte die drei gebauten Maschinen bis 1938 mit Ausnahme der ersten, die ebenfalls im Jahre 1936 in den Wellen versank. Aus weiteren Wettbewerbsausschreibungen ging das große sechsmotorige Flugboot Laté-521 für 30 bis 70 Passagiere hervor, bestimmt für die Verbindung zwischen Frankreich und den USA. Es besaß eine ziemlich veraltete Konzeption, trotzdem absolvierte es 1938 mehrere Versuchsflüge.

In vielem aussichtsreicher war die jüngere Laté-631, in deren Entwicklungszeit der zweite Weltkrieg begann. Nach seinem Ende gelangten einige Maschinen dieses Typs tatsächlich auf die geplanten Linien zwischen Europa und den USA, jedoch kam es hier zu mehreren tragischen Havarien, und der Betrieb dieser Flugboote wurde eingestellt.

Spannweite 44,20 m
Länge 26,20 m
Flügelfläche 306,00 m²
Masse 23 000 kg
Höchstgeschwindigkeit 210 km/h
Reichweite 4 800 km
Motoren 4 × HS 12Nbr 478 kW (650 PS)

SUPERMARINE S-6B   1931

Großbritannien

Geschwindigkeiten von 400, 500 oder 600 km/h zu fliegen, war am Ende der zwanziger Jahre ein sehr hochgestecktes Ziel und der Weg dahin voller Hindernisse. Der Kampf um die Geschwindigkeit wurde über dem Wasser ausgetragen, und besonders die Geschwindigkeitswettbewerbe um den Schneider-Cup spielten dabei eine bedeutende Rolle. Die in der Luftfahrt führenden Länder rechneten es sich als Ehre an, daran teilzunehmen.

Als das britische Luftfahrtministerium für den Jahrgang 1925 neue Schnellflugzeuge bestellte, reagierte der Konstrukteur Reginald J. Mitchell der Firma Supermarine mit einem aerodynamisch vollendet geformten freitragenden Mitteldecker, vorwiegend aus Holz gebaut, vom Typ S-4. Er stellte zwar im September 1925 mit 365,082 km/h einen Geschwindigkeitsweltrekord auf, aber im Wettbewerb selbst gelangte er nicht zum Erfolg.

R. J. Mitchell ging daher von der freitragenden Flügelkonstruktion wieder ab, die die Masse erhöhte, benutzte mehr Aluminium und Stahl, und als ihn das Luftfahrtministerium zur Konstruktion einer neuen Maschine für den Jahrgang 1927 aufforderte, bot er den Typ S-5 an. Dieser wirklich vollendet gelöste Tiefdecker hatte zwar nur durch Profildraht verstrebte Flügel, aber dafür mit scharfem und niedrigem Geschwindigkeitsprofil. Der ziemlich große 700-PS-Napier-Lion VII-Dreireihenmotor (515 kW) war unterdessen nicht ersetzt worden, und so diente seine vervollkommnete Version VIIB mit 634 kW (875 PS). Es siegte damals der Pilot Webster mit einer Durchschnittsgeschwindigkeit von 453,26 km/h, den zweiten Platz belegte Worsley mit 439, 50 km/h, beide auf S-5.

Ein neuer Impuls für die Entwicklung britischer Schnellflugzeuge wurden die moderneren Rolls-Royce R-Zweireihen-Zwölfzylindermotoren, deren erste Version für den Jahrgang 1929 eine Leistung von vollen 1 411 kW (1 920 PS) brachte. R. J. Mitchell benutzte den R-Motor bei dem S-6A-Modell, das sich sehr eng an die „5" anschloß. Die Montage des neuen Motors zahlte sich aus – der Pilot Waghorn beendete den Wettbewerb souverän mit einer Durchschnittsgeschwindigkeit von 528,87 km/h. Kurz darauf erzielte A. H. Orlebar auf S-6 mit 575,74 km/h den Weltrekord.

Die S-6 mit längeren Schwimmern hieß S-6A, stand jedoch im Schatten einer zweiten Variante, der S-6B. Den R-Motor konnte man bis auf eine Leistung von 1 727 kW (2 350 PS) „hochfrisieren". 1931 waren zwei S-6B-Flugzeuge im Einsatz, es siegte J. H. Boothman mit einer Geschwindigkeit von 547,32 km/h, aber G. H. Stainforth erreichte bei einem Durchgang des Wettbewerbs 609,98 km/h. Dem gleichen Piloten gelang im September 1931 auf einer S-6B mit einem 2 600-PS-R-Motor (1911 kW) mit 654,98 km/h ein Weltrekord.

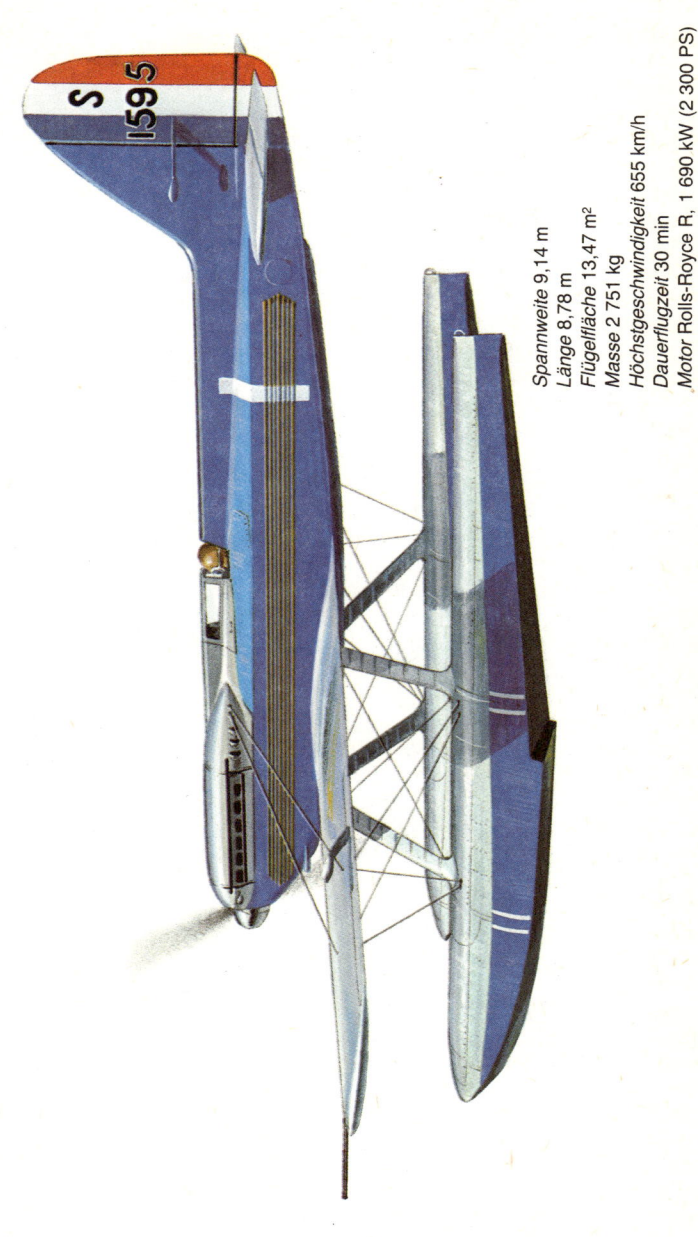

Spannweite 9,14 m
Länge 8,78 m
Flügelfläche 13,47 m²
Masse 2 751 kg
Höchstgeschwindigkeit 655 km/h
Dauerflugzeit 30 min
Motor Rolls-Royce R, 1 690 kW (2 300 PS)

PIPER CUB   1931

USA

Für viele Sportpiloten der älteren Generation und für die Freunde der Luftfahrt zahlreicher Länder ist bis heute der Name Piper Cub mit Vorstellungen von einem vollendeten kleinen Sportflugzeug verbunden.

Die erste Cub E-2 wurde im Februar 1931 als Erzeugnis der amerikanischen Firma Taylor Aircraft Co. gebaut. Der sehr einfach konstruierte,
verstrebte Hochdecker mit zwei hintereinanderliegenden Sitzen in einer
offenen Kabine wurde von einem flachen Vierzylinder Continental A-40 mit
27 kW (37 PS) angetrieben. Es entstand ein billiges und zuverlässiges
Flugzeug, von dem bis 1935 insgesamt 157 Stück verkauft wurden. Auf
sie folgten 211 Maschinen vom Typ F-2 Cub mit geschlossener Kabine.

Im Jahre 1936 veränderte sich die Gesellschaft Taylor. Bei der ursprünglichen Firma blieb von der Leitung W. T. Piper, der ihr im Jahre 1937 die
Bezeichnung Piper Aircraft Corporation verlieh. C.G. Taylor gründete zusammen mit W.C. Young die Firma Taylorcraft, die weiter ähnliche Typen
baute, aber mit nebeneinanderliegenden Sitzen. Aufgrund des Exporter-
folgs nach Großbritannien wurde dort eine Filiale, bekannt später als Au-
ster Aircraft Ltd., gegründet.

Piper brachte schon 1936 das modernisierte Modell J-2 Cub (ursprünglich New Cub genannt) auf den Markt. Zuerst genügte der Motor A-40,
aber später montierte man die Typen A-40-4 mit 29 kW (40 PS). Ab 1938,
als die Firma zum Modell J-3 übergegangen war, verwendete man die
Motoren verschiedener Firmen mit einer Leistung von ca. 37 kW (50 PS),
wie die Continental A-50, Menasco M-50, Lycoming 0-145 und Franklin
AC-150. Es ging vor allem um flache Vierzylinder. Bei den letzten J-3-Ver-
sionen verwendete man Motoren mit 48 kW (65 PS).

Da einige Aeroklubs und Einzelpersonen auch unterschiedliche Ausführungen verlangten, wurden neue Varianten eingeführt, wie z. B. die Cub-
Trainer mit doppelter Steuerung und kleinerer Tragfläche oder der Reise-
typ J-4 Cub Coupé mit zwei nebeneinanderliegenden Sitzen und einem
75-PS-Continental A-75-8-Motor (55 kW). Das war im Jahre 1938, als man
insgesamt 737 aller Cub-Maschinen baute. Ein Jahr später waren es 1 806
und im Jahre 1940 sogar 3 016 Flugzeuge. Damals lieferte man auch
J-3C-65 Cub Trainer-Maschinen mit einem neuen 65-PS-Continental
0-170-3-Motor (48 kW). Nach dem Krieg folgte unmittelbar darauf der Typ
PA 11 Cub Special, der den Bau ziviler „Cubs" mit einer Anzahl von 14 125
abschloß.

Während des zweiten Weltkrieges baute die Firma Piper noch 5 673
Flugzeuge in der Militärversion L-4 Grasshopper. Gerade diese Flugzeuge,
die nach dem Krieg in die Hände von Sportfliegern gelangten, erhöhten
noch den Ruhm der Cubs auch außerhalb der USA.

Spannweite 10,70 m
Länge 6,80 m
Flügelfläche 16,50 m²
Masse 441 kg
Geschwindigkeit 139 km
Reichweite 336 km
Motor Continental A-40 27 kW (37 PS)

HEINKEL He 70

1932

Deutschland

Im Mai 1932 führte die Schweizer Gesellschaft Swissair auf ihrer Linie Zürich – Wien mit Zwischenlandung in München das amerikanische einmotorige Flugzeug Lockheed L-9 Orion mit einziehbarem Fahrwerk und einer Höchstgeschwindigkeit von über 300 km/h ein. Die Ankunft des modernen amerikanischen Flugzeuges der neuen Konstruktionsschule auf dem alten Kontinent schockierte die meisten großen Verkehrsgesellschaften, deren Flugzeuge bei weitem nicht solche Geschwindigkeiten erreichten.

Als erster reagierte die Deutsche Lufthansa, die mit der Firma Ernst Heinkel Verhandlungen über die Entwicklung eines genauso schnellen Flugzeuges in Deutschland aufnahm.

Schon am 1. Dezember 1932 startete auf dem Flugplatz in Warnemünde der erste Prototyp der He 70V-1, der den Anforderungen der Lufthansa entsprach. Er besaß ansprechende Form, elliptische Ganzholzflügel mit Landeklappen und einem Duralschalenrumpf, angepaßt an die Gestalt des 630-PS-BMW VI 6, OZ-Reihenmotors (463 kW). Dank der Verwendung von Glykol als Kühlflüssigkeit gelang es, die Abmessungen des Kühlers und damit den Luftwiderstand deutlich zu verringern, während auch das einziehbare Fahrwerk zur Erhöhung der Geschwindigkeit beitrug. Von einem größeren Komfort für die vier Fluggäste in der Kabine kann man freilich nicht sprechen, doch die relative Enge wurde durch die damals hohe Reisegeschwindigkeit von 300 km/h ausgeglichen. Der Pilot saß unter einem kleinen Verdeck auf der linken Seite des Rumpfes, der Funker rechts im Rumpfumriß. Alles war der Geschwindigkeit untergeordnet.

Der zweite Prototyp He 70V-2, bestimmt für die Lufthansa, stellte die Serienausführung He-70A dar. Er errang einige Rekorde: 100 km mit 1 000 kg Nutzlast mit 357 km/h und ohne Last mit 377 km/h! Die Firma Heinkel lieferte dann drei Maschinen der Serienausführung He 70D mit einem leistungsstarken 750-PS-BMW VI 7,3Z-Motor (551 kW). Die Lufthansa setzte sie Mitte Juni 1934 für die Verbindung zwischen Berlin und Hamburg, Köln sowie Frankfurt/M. ein. Sie wurden „Blitzstrecken" genannt.

Ein Jahr später erhielt die Lufthansa weitere neun Maschinen der Serie He 70G, ebenfalls mit einem BMW VI 7,3Z-Motor, jedoch einigen Konstruktionsverbesserungen. Die He 70G flogen mit nur einem Piloten in einer Kabine. Die Maschinen der Serien He 70D und G waren etwas größer als die ursprünglichen Prototypen. Die Lufthansa benutzte sie auf zehn Linien für den Personen- und Postverkehr; im letzteren Falle beförderten sie 400 kg Post. Die Militärluftfahrt übernahm den größten Teil der Produktion. Von insgesamt 304 hergestellten He 70 wurden nur 28 Maschinen für zivile Zwecke eingesetzt.

142

Spannweite 14,80 m
Länge 12,00 m
Flügelfläche 36,50 m²
Masse 3 460 kg
Höchstgeschwindigkeit 360 km/h
Reichweite 1 250 km
Motor BMW VI 73Z 551 kW (750 PS)

GEE BEE R-1/R-2 SUPER SPORTSTER   1932

USA

Am 3. September 1932 erreichte der amerikanische Rennpilot Jimmy Doolittle auf einem Schnellflugzeug Gee Bee R-1 Super Sportster eine Geschwindigkeit von 476,73 km/h. Er flog nach den damals geltenden Bestimmungen der internationalen Luftfahrtföderation FAI über eine Grundstrecke von 3 km nicht höher als 100 m und wiederholte den Flug dreimal. Er erfüllte also die Bedingungen, so daß die Leistung als Geschwindigkeitsweltrekord für Landflugzeuge anerkannt wurde.

Die Firma Gee Bee schnitt mehrfach recht erfolgreich bei amerikanischen nationalen Flugwettbewerben ab. Die Flugzeuge Gee Bee R-1 und R-2 stellten das typisch amerikanische Herangehen an die Lösung von Landschnellflugzeugen dar.

Da es in den USA zu dieser Zeit die ausgereiftesten und vorteilhaftesten Sternmotoren gab, hatten die Konstrukteure von Flugzeugen für diese Wettbewerbe echte Probleme damit, die Aerodynamik ihrer Maschinen in den Griff zu bekommen. Nach einer Reihe mehr oder weniger klassisch gelöster abgestrebter Doppeldecker ging die Firma Gee Bee im Jahre 1931 zu einer extremen Konstruktion von Rennflugzeugen über. Sie wählte eine Lösung, die „Fluggranate" genannt wurde. Tatsächlich erinnerte die Gee-Bee-Maschine an eine Geschützgranate, flog allerdings mit dem stumpfen Ende nach vorn. Im Bug befand sich ein verkleideter 535-PS-Pratt & Whitney-Twin-Wasp-Junior-Sternmotor (393 kW), der in dem sehr kurzen Rumpf die Pilotenkabine ziemlich weit nach hinten drängte. Die Flügel waren nur sehr klein, verstrebt, das Fahrwerk starr und verkleidet. Die Gee Bee Z gewann im Jahre 1931 vier Wettbewerbe, darunter den Thompson-Cup mit einer Leistung von 380 km/h, erreichte eine Höchstgeschwindigkeit von 430 km/h und nach der Montage eines 750-PS-Wasp-Motors (551 kW) sogar 505 km/h.

Die Erfahrungen mit dem Z-Typ nutzte die Firma für die Schnellflugzeuge R-1 und R-2, die ähnlich gebaut waren, aber mit modifizierten Formen. Die Leistungen wurden noch durch die verstellbare Luftschraube erhöht. Die R-1, eingeflogen am 3. August 1932, erhielt einen 800-PS-Wasp-Motor (588 kW). In der Vorbereitung zu den Wettbewerben erzielte J. Doolittle damit den genannten Rekord und gewann auch den Thompson-Cup im Jahre 1932 mit einer Leistung von 407 km/h. 1933 erreichte die R-1 mit einem Motor vom 662 kW (900 PS) inoffiziell eine Geschwindigkeit von 500 km/h, havarierte aber, und der Pilot kam ums Leben.

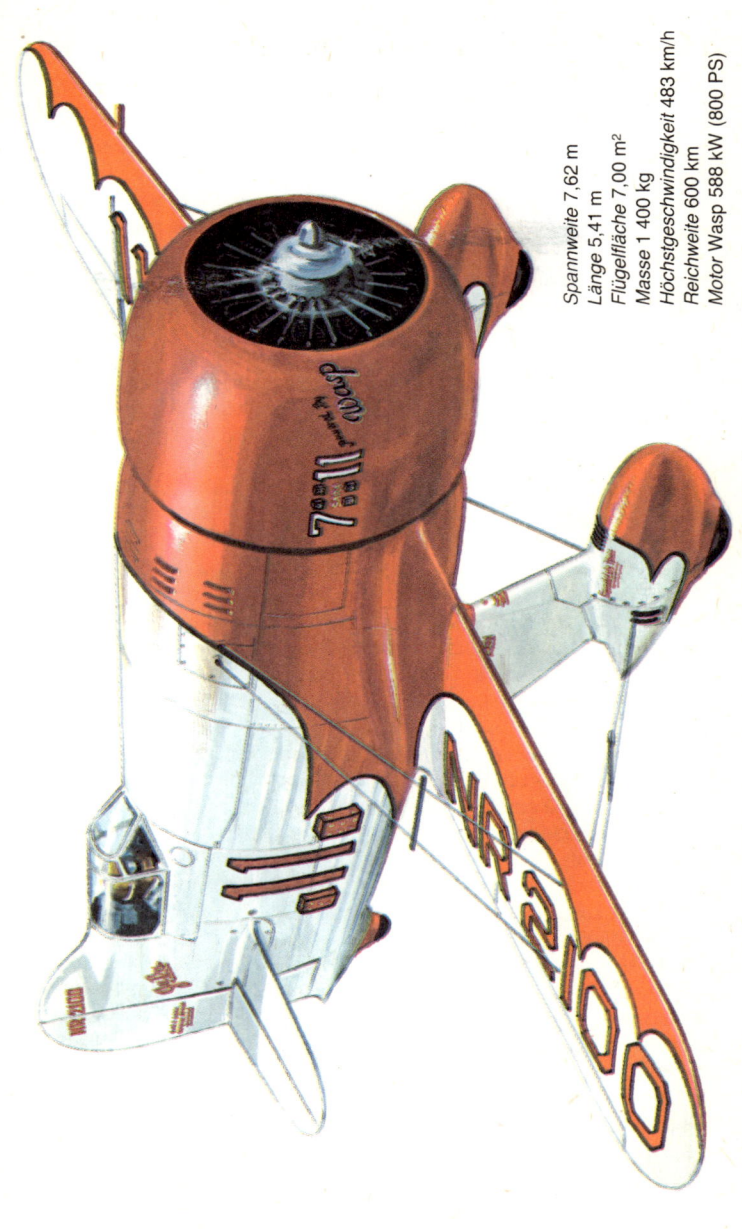

Spannweite 7,62 m
Länge 5,41 m
Flügelfläche 7,00 m²
Masse 1 400 kg
Höchstgeschwindigkeit 483 km/h
Reichweite 600 km
Motor Wasp 588 kW (800 PS)

USA

Der Verkehrseindecker DC-1 in seiner Serienausführung DC-2 der amerikanischen Firma Douglas bedeutete zu Beginn der dreißiger Jahre eine Wende in der Wirtschaftlichkeit des Betriebs von Verkehrsflugzeugen. Ebenso kann man von einem gewaltigen aerodynamischen und technologischen Sprung hinsichtlich der Gesamtlösung und der Konstruktionsweise sprechen, so daß durch diese Maschinen die weitere Entwicklung der Zivil- und Militärflugzeuge beeinflußt wurde.

Die DC-1 gab die Verkehrsgesellschaft TWA in Auftrag, um damit ein Gegengewicht zum relativ modernen Typ der Boeing 247 der Konkurrenzgesellschaft UAL zu erwerben. Die Firma Douglas verwendete das von J. K. Northrop entwickelte Konstruktionsverfahren für Ganzmetallflugzeuge aus glattem Alcladblech (einer Alulegierung). So entstand ein leichtes Flugzeug mit einer geräumigen Kabine für zwei Piloten und zwölf Fluggäste, die in der Kabine im Unterschied zur engen Boeing 247 auch stehen konnten. Mit den zwei 690-PS-Wright-Cyclone SGR-1820-F-Motoren (507 kW) und dem einziehbaren Fahrwerk startete die DC-1 das erste Mal am 1. Juni 1933 und erreichte eine Geschwindigkeit von 338 km/h. Später flog sie auch mit anderen Motorentypen, z. B. 700-PS-Pratt Whitney-Hornet SD-G (515 kW) als DC-1A. Die DC-1 überquerte probeweise den nordamerikanischen Kontinent, um die Möglichkeiten des Fernverkehrs zu prüfen. Im Mai 1935 stellte sie 22 Rekorde auf, absolvierte z. B. einen 5 000 km-Flug mit einer Last von 1 000 kg und einer Geschwindigkeit von 272 km/h.

Für den Serienbau legten die Konstrukteure die Maschine für 14 Flugpassagiere aus, wodurch ihr Betrieb noch wirtschaftlicher wurde. Unter der Bezeichnung DC-2 entstanden insgesamt 193 Flugzeuge. Die erste startete am 11. Mai 1934 und am 18. des gleichen Monats bereits in den Farben der Gesellschaft TWA zum ersten regulären Flug mit Passagieren. Ab August 1934 flogen ihre DC-2 etappenweise auf der Transkontinentallinie New York – Los Angeles in nur 18 Stundern.

Die DC-2 lieferte man in der Grundausführung mit 710-PS-Wright-Cyclone SGR-1820-F-3–Motoren (522 kW), als DC-2A mit 700-PS-Pratt & Whitney-Hornet-Motoren (515 kW) sowie als DC-2B mit britischen 750-PS-Bristol-Pegasus-VI-Motoren (551 kW). Am häufigsten verwendete man Cyclone-Motoren. Die DC-2-Maschine der holländischen Gesellschaft KLM mit den Zeichen PH-AJU wurde bekannt durch ihre Teilnahme am Flugwettbewerb zwischen Großbritannien und Australien, der sog. Robertson Trophy im Oktober 1934. Sie belegte den zweiten Platz hinter der Rennmaschine de Havilland DH-88 Comet, obgleich sie Passagiere und Post Beförderte und den gesamten Flug als Verkehrsverbindung absolvierte.

Spannweite 25,91 m
Länge 18,89 m
Flügelfläche 87,24 m²
Masse 8 419 kg
Höchstgeschwindigkeit 343 km/h
Reichweite 1 930 km.
Motoren 2 × Cyclone 522 kW (710 PS)
2 × Hornet 515 kW (700 PS)

TUPOLEW ANT-25 (RD)   1933

UdSSR

Im August 1931 wurde in der UdSSR entschieden, ein Flugzeug mit einer Reichweite von mindestens 13 000 km zu bauen. Der Konstrukteur A. N. Tupolew entwarf damals das Ganzmetallrekordflugzeug ANT-25, bekannt auch als RD (rekord dalnosti – Langstreckenrekord).

Die Flügel konstruierte man sehr schlank, um einen kleinen induzierten Widerstand zu erreichen. Installiert wurde ein sowjetischer 874-PS-M-34-Motor (642 kW). Den gesamten Flügel füllten Treibstoffbehälter, so daß die Flügelkonstruktion gleichmäßig ausgelastet war. Die erste ANT-25 startete am 22. Juni 1933.

Auf dem zweiten Prototyp der ANT-25 mit einem 900-PS-M-34R-Motor (660 kW) unternahm die Besatzung, bestehend aus M. M. Gromow, A. I. Filin und I. T. Spirin, vom 10. bis 12. September 1934 im geschlossenen Kurs in 75 Stunden und 2 Minuten einen 12 411 km langen Flug. Weil die UdSSR damals noch nicht Mitglied der internationalen Föderation FAI war, konnte diese Leistung nicht als Weltrekord anerkannt werden. Für weitere Versuche baute man in der UdSSR 20 ANT-25-Flugzeuge. Bei weiteren Versuchen bewährten sich die M-34R-Motoren mit einer Leistung von 698 kW (950 PS).

Der Pilot S. A. Lewanewski startete am 3. August 1935 zu einem Flug von der Sowjetunion in die USA. Wegen einer Störung mußte er jedoch nach 2 000 km zurückkehren. Ein anderer Pilot, W. P. Tschkalow und die Besatzungsmitglieder G. F. Bajdukow und A. W. Beljakow flogen vom 20. bis 22. Juni 1936 über die arktischen Gebiete der UdSSR von Moskau über Franz-Joseph-Land nach Petropawlowsk auf Kamtschatka mit dem Ziel, Chabarowsk zu erreichen. Das Wetter zwang sie, auf der Insel Udd, 9 374 km weit vom Startort entfernt, zu landen.

Die ANT-25 diente gleichfalls derselben erfahrenen Besatzung zur Verwirklichung eines langersehnten Traumes – des Fluges von der UdSSR über den Nordpol nach den USA. Man startete am 18. Juni 1937 von Stschelkowo bei Moskau von einer geneigten Betonpiste, die dem überladenen Flugzeug half, an den Flügeln schneller Auftrieb zu gewinnen. Der Flug glückte trotz des ungünstigen Wetters, und Tschkalow landete am 20. Juni 1937 bei Portland in den USA. Die zurückgelegte Strecke überstieg 10 000 km, per Luftlinie 8 504 km. Einen noch größeren Triumph stellte der Flug der Besatzung M. M. Gromow, A. B. Jumaschew und S. A. Danilin vom 12. bis 14. Juli des gleichen Jahres dar. Unter ausgesprochen günstigen Bedingungen flogen sie 11 500 km von Moskau bis San Jacinto in Kalifornien. Die direkte Entfernung von 10 148 km zwischen dem Start und der Landung war der Reichweitenweltrekord auf einer geraden Strecke.

Spannweite 34,00 m
Länge 13,00 m
Flügelfläche 87,10 m²
Masse 11 500 kg
Höchstgeschwindigkeit 246 km/h
Reichweite 13 000 km
Motor M-34R 698 kW (950 PS)

MACCHI-CASTOLDI MC-72　　　　　　　1933

Italien

Der Geschwindigkeitswettbewerb der Wasserflugzeuge um den Pokal des französischen Unternehmers und Mäzens Jacques Schneider wurde von 1912 bis 1931 geflogen. In der zweiten Hälfte der zwanziger Jahre wurde er Schauplatz eines harten Wettbewerbs zwischen britischen und italienischen Piloten sowie zwischen den Flugzeugkonstrukteuren der beiden Länder.

Die italienische Firma Macchi trat in den letzten Jahren mit Maschinen an, die man nicht unterschätzen durfte. Die Typen M-52 und M-57 des Konstrukteurs Mario Castoldi stellten den Gipfel der Konstruktionskunst dar. Es war jedoch klar, daß die Firma Fiat in der Konstruktion von Motoren technisch mit der britischen Firma Rolls-Royce nicht konkurrieren konnte und ihre Motoren mit einer Leistung von 1 470 kW (2 000 PS) für die Geschwindigkeiten über 500 km/h nicht ausreichten. Der Rolls-Royce-Motor aus dem Jahre 1931 bedeutete als letzter Zwölfzylinder-Reihenmotor mit seiner Leistung von 1 690 kW (2 300 PS) für Rennflugzeuge die höchste Entwicklungsstufe der damaligen Etappe.

Der Konstrukteur Castoldi rüstete für 1931 den Typ MC-72 mit zwei 1000-PS-Fiat AS-5-Reihenmotoren (735 kW) aus, hintereinander montiert und gegeneinander etwas erhöht. Die verlängerte Welle des hinteren Motors ging nach vorn zwischen die Zylinderblöcke des vorderen und verband sich dort zu einem Untersetzungsgetriebe, von dem aus der Antrieb zu den zwei gegenläufigen Zweiblattluftschrauben führte.

Die Kombination von Motoren bewährte sich nicht, aber Fiat begann nach einem anderen Prinzip zu arbeiten. Man verband zwei Motoren direkt hintereinander, und so entstand ein 3,37 m langer Vierundzwanzigzylinder AS-6, mit einem gemeinsamen Antrieb am Untersetzungsgetriebe der zwei gegenläufigen Luftschrauben. Das Untersetzungsgetriebe senkte die Rotationen des Motors von maximal 3 300 auf 1 980 U/min an der Schraube. Die höchste Leistung war 2 280 kW (3 100 PS), aber für das Rennflugzeug MC-72 genügten 2 060 kW (2 800 PS), was auch eine längere Lebensdauer versprach. Die spezifische Masse von 0,32 kg/PS war damals ungeheuer niedrig.

Die MC-72 erschien spät und konnte somit am Wettbewerb nicht teilnehmen. Am 10. April 1933 jedoch erzielte sie einen offiziellen Geschwindigkeitsweltrekord von 681,89 km/h. Der Pilot Francesco Agello gab sich damit nicht zufrieden und stellte im Oktober 1934 einen Rekord mit 709,22 km/h auf – die bis dahin beste Leistung eines Wasserflugzeuges mit Kolbenantrieb.

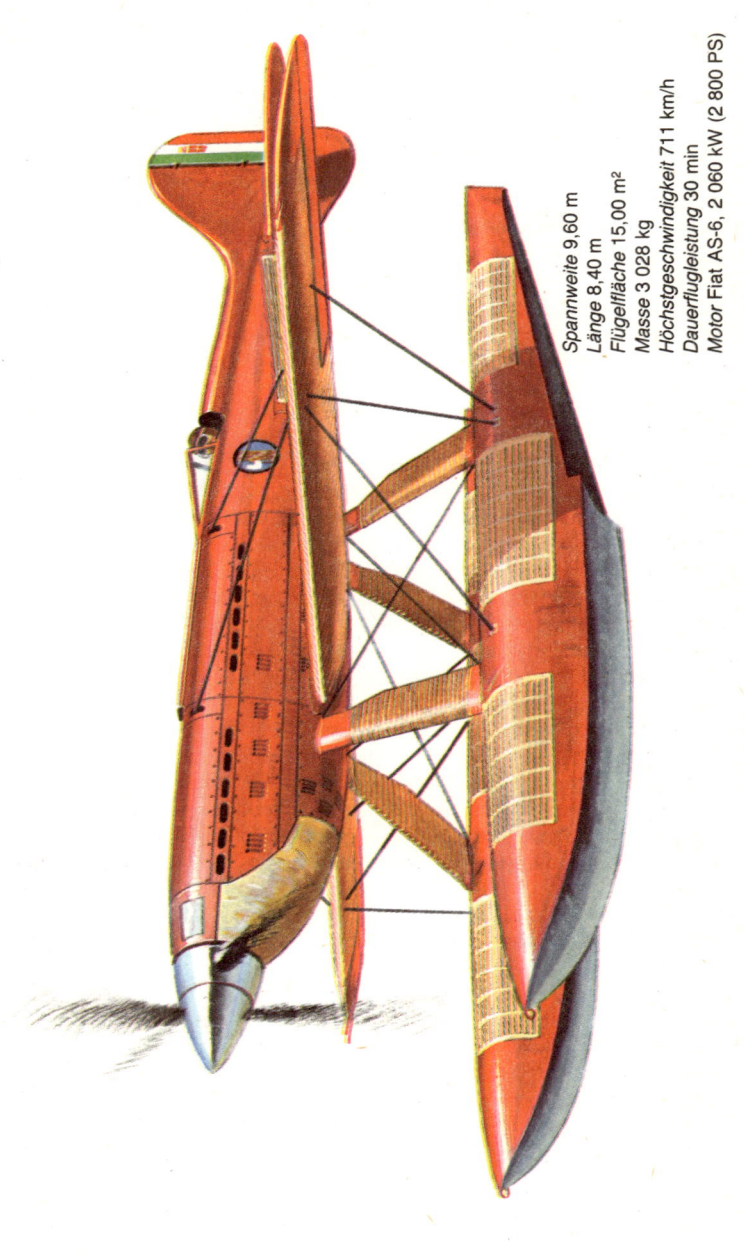

Spannweite 9,60 m
Länge 8,40 m
Flügelfläche 15,00 m²
Masse 3 028 kg
Höchstgeschwindigkeit 711 km/h
Dauerflugleistung 30 min
Motor Fiat AS-6, 2 060 kW (2 800 PS)

MIGNET HM-14 POU-DU-CIEL 1933

Frankreich

Seit den dreißiger Jahren hält sich auf dem Gebiet der leichtesten Sportflugzeuge eine sehr einfache Konzeption, wie sie 1931 der Franzose Henri
Mignet entwarf. Er nannte es „Pou-du Ciel" oder „Himmelslaus" (manchmal falsch als Floh übersetzt).

Nach einer Reihe von Prototypen und Experimenten arbeitete sich Mignet zu seinem Typ HM-9 aus dem Jahre 1931 vor, der ersten Himmelslaus. Um die Längsstabilität des Flugzeuges zu sichern, verwendete er
zwei Tragflächen hintereinander, die vordere etwas größer als die hintere,
und beide trennte ein großer Zwischenraum. Der Pilot konnte durch Bewegungen des Steuerknüppels den Anstellwinkel der vorderen Fläche verändern und dadurch das Steigen und Sinken der Maschine regulieren. Durch
das große Seitenruder wurde die Seitenstabilität gewährleistet. Das Flugzeug war nach Mignets Vorstellungen in der Querrichtung automatisch
stabil. Zwischen der vorderen beweglichen und der hinteren festen Tragfläche entstand ein ausgeprägter Spalteffekt; dadurch hatte das Flugzeug
auch bei geringer Geschwindigkeit einen ausreichenden Auftrieb und war
trudelsicher. Alles war so leicht, daß die leere Maschine nur ca. 130 kg
wog. Die Motoren waren ganz gewöhnliche Motorradzweitakter, z. B. Aubier-Dunne mit 16 kW (22 PS).

Im Jahre 1934 brachte Mignet den vervollkommneten Typ HM-14 zum
Aerosalon in Paris und löste einen wahren Sturm des Interesses unter den
Anhängern der Sportfliegerei aus.

Nach einer Reihe von Havarien mit tragischem Ausgang wurde in Frankreich und Großbritannien ein offizielles Verbot ausgesprochen, mit diesen
Maschinen zu fliegen. Eine davon wurde in voller Größe im Luftkanal ge-
prüft, wo sich nicht nur die Instabilität zeigte, sondern auch der unsichere
Hang, eine gefährliche Neigung, in einen stabilisierten Rückenflug überzugehen, aus dem es keinen anderen Ausweg gab, als sich mit dem Fallschirm zu retten.

In Großbritannien, wo man schon begonnen hatte, die HM fabrikmäßig
herzustellen (die Firma Abott-Saynes im Jahre 1935), wurde die Produktion eingestellt. Mignet ging nach Amerika, wo er aber auch keinen Erfolg
hatte.

Gleich nach dem Krieg ging Mignet mit Leidenschaft an die Arbeit. Er
konstruierte, baute und verkaufte neue Typen, aerodynamisch und technologisch vollendeter und mit stärkeren Motoren ausgestattet. Es wird geschätzt, daß insgesamt 200 Flugzeuge seines Systems entstanden.

Spannweite 6,00 m
Länge 3,50 m
Flügelfläche 13,60 m²
Masse 230 kg
Höchstgeschwindigkeit 110 km/h
Reichweite 250 km
Motor Aubier-Dunne 16 kW (22 PS)

Polen

An der Wende von den zwanziger zu den dreißiger Jahren waren Wettbewerbe der Touristikflugzeuge, genannt Challenge Internationale des Avions de Tourisme, sehr populär. Schon bald wurden ihre Bedingungen um Elemente der Flugsicherheit und Wartungsfreundlichkeit am Boden erweitert. Gefordert wurden gute Ergebnisse beim Flug mit minimaler Geschwindigkeit, sehr kurzer und steiler Start, schnelles An- und Abklappen der Flügel am Boden, leichte Wartung des Motors u. ä.

Im Jahre 1932 siegte bei diesem Wettbewerb überzeugend der polnische Hochdecker RWD-6 der kleinen Firma Dóswiadczalne Warsztaty Lotnicze, die ihren Sitz auf dem Warschauer Flugplatz Okęcie hatte. Die Abkürzung RWD setzt sich zusammen aus den Initialen der Familiennamen der Schöpfer des Flugzeuges, der Ingenieure Rogalski, Wigura und Drzewiecki. Sie hatte schon zur Zeit des Wettbewerbs in der polnischen Luftfahrt einen guten Klang.

Die siegreiche Besatzung Schwirko-Wigura flog die Strecke von 7 359 km durch Europa. Die niedrigste Geschwindigkeit des Flugzeuges war 57,6 km/h, die höchste 216 km/h. Über ein Hindernis von 8 m Höhe schwang sich die Maschine nach einem Anlauf von 111 m Länge auf. Die Montage und Demontage der Flügel dauerte 2 Minuten und 13 Sekunden. Ein großer Nachteil der RWD-6 war die zerbrechliche Flügelkonstruktion. Dadurch kam es zur Havarie zweier Maschinen, darunter auch der von Schwirko und Wigura (am 11. September 1932 beim Flug nach Prag).

Aus Mitteln einer Reihe von Organisationen und eines Ausschusses zum Gedenken an die beiden Flieger entstanden Fonds zum Bau weiterer neun vervollkommneter RWD-9-Flugzeuge. Sie hatten nicht nur stabilere Tragflügel, sondern auch ein verbessertes System von Vorflügeln und Spaltklappen, ergänzt durch Spoiler zur Verringerung des Auftriebes. Die erste RWD-9 flog am 4. Dezember 1933 mit einem amerikanischen 264-PS-Menasco-B6S-Buccaneer-Reihenmotor (194 kW). Dieser bewährte sich jedoch nicht, so daß die vier RWD-9S-Serienmaschinen mit polnischen 290-PS-Škoda GR-760-Sternmotoren (213 kW) und die RWD-9W mit tschechoslowakischen 220-PS-Walter-Bora-Motoren (162 kW) flogen.

Der Jahrgang 1934 des Challenge-Wettbewerbs gestaltete sich wiederum zu einem Erfolg der polnischen Flieger. Die Besatzung Bajan-Pokrzywka siegte auf einer RWD-9S, der gleiche Typ belegte auch den zweiten Platz. Die Strecke war diesmal 9 538 km lang und reichte bis nach Afrika. Der Geschwindigkeitsbereich der RWD-9 lag zwischen 54,1 und 255 km/h, die benötigte Weite zum „Sprung" über das Hindernis verkürzte sich auf 76 m, die Zeit für Montage und Demontage auf 44 Sekunden.

Spannweite 11,64 m
Länge 7,60 m
Flügelfläche 16,00 m²
Masse 790 kg
Höchstgeschwindigkeit 281 km/h
Reichweite 800 km
Motor Škoda GR-760, 213 kW (290 PS)

Großbritannien

Die britischen Konstrukteure widersetzten sich am längsten den modernen Elementen im Flugzeugbau. Sie blieben bei den klassischen, durch Flüge und Erfahrungen erprobten Konstruktionsverfahren und setzten dabei auf Zuverlässigkeit und soliden Dienst ihrer Flugzeuge.

Zu den Firmen, die die klassischen Konstruktionsmethoden mit einem gewissen Fortschritt zu verbinden wußten, gehörte auch das britische Unternehmen de Havilland. Im Jahre 1925 brachte es den Sportdoppeldecker DH-60 Moth auf den Markt, und aus ihm entwickelte sich allmählich eine Reihe von Reise- und Mehrzweckflugzeugen. Im Jahre 1932 versuchte man, die bewährte Konstruktion der DH-60 zu vergrößern und mit zwei Triebwerken auszustatten. So entstand das Verkehrsflugzeug DH-84 Dragon, eingeflogen am 24. November 1932. Es hatte ein Holzgerüst und eine Stoffbespannung sowie Sperrholzbeplankung, ferner für seine Zeit recht ausgefeilte Formen. Es wurde von zwei 130-PS-de Havilland-Gipsy-Major 1-Motoren (96 kW) angetrieben. Die DH-84 flog mit einem Piloten und sechs, die Serienflugzeuge später mit bis acht Passagieren. De Havilland baute insgesamt 115 Dragon-Flugzeuge, die auf großes Interesse stießen. Man verwendete sie mit verkleidetem Radfahrwerk, aber auch Schwimmern, vor allem in Kanada. Weitere 87 Maschinen baute man in einer Filiale in Australien.

Am 17. April 1934 wurde die erste modernisierte DH-89 Dragon Rapide mit der gleichen Personenzahl an Bord, aber wesentlich besser formgestaltet und leistungsfähiger, eingeflogen. Sie flog auch weiter als Doppeldecker mit starrem, wenn auch vollkommen verkleidetem Fahrwerk. Sie besaß einen veränderten Rumpf und vor allem sehr spitze gestreckte Flügel mit verringertem induziertem Widerstand und vereinfachtem Strebensystem. Das erhöhte zusammen mit den leistungsfähigeren 200-PS-de Havilland-Gipsy-Six-Motoren (147 kW) die Geschwindigkeit von 216 auf 253 km/h. Ab 1937 montierte man an den DH-89A-Maschinen am Unterflügel Landeklappen, was die Flugeigenschaften noch verbesserte.

Bis zum Ausbruch des Krieges im Jahre 1939 verkaufte man insgesamt 205 Maschinen. Während des Krieges bestellte die britische Royal Air Force Übungs- und Transportausführungen der DH-89B mit der Bezeichnung Dominie. Es entstanden davon insgesamt 532 Stück. Nach dem Krieg gelangte eine Reihe von ihnen in den Zivildienst. Die Flugzeuge zeigten, wenn wir die Holzkonstruktion in Rechnung stellen, eine bemerkenswerte Lebensdauer. Verwendet wurden sie noch zu Beginn der achtziger Jahre für Schauflüge.

Spannweite 14,64 m
Länge 10,52 m
Flügelfläche 31,25 m²
Masse 2 497 kg
Höchstgeschwindigkeit 253 km/h
Reichweite 930 km
Motoren 2 x Gipsy Six 147 kW (200 PS)

Italien

Das typische italienische dreimotorige Flugzeug der dreißiger Jahre war der Verkehrstyp Savoia-Marchetti SM-73 und sein Bomberpendant SM-81. Die SM-73 entstand als Prototyp im Jahre 1934 (eingeflogen am 4. Juni 1934), entsprach aber aus vielen Gründen nicht den Vorstellungen und mußte weichen. Der zweite Prototyp, ebenfalls aus dem Jahre 1934, verfügte über ausgezeichnete aerodynamische Formen, die bei ähnlicher Gesamtkonzeption die Ju 52/3 m des Konkurrenten Junkers übertrafen.

Das Flugzeug besaß freitragende wasserdichte Ganzholzflügel mit abgespalteten Landeklappen an der Hinterkante. Der Rumpf hatte ein Gerüst aus Stahlrohren und eine überwiegend aus Stoff bestehende Bespannung mit relativ guter Lärm- und Wärmeisolierung an den Wänden der Kabine Diese konnte 18 Flugpassagiere aufnehmen, von denen vier in der Kabine erster Klasse über der Tragfläche saßen. Die Motoren waren zunächst französische 600-PS-Gnome-Rhône 9Kfr (441 kW), später jedoch installierte man bei den Serienmaschinen verschiedene französische, amerikanische und italienische Typen mit einer Leistung bis 588 kW (800 PS). Die Motoren erhielten eine Verkleidung, und die Räder und Federstreben des starren Fahrwerkes trugen ebenfalls aerodynamische Abdeckungen. Die Besatzung bestand aus vier Mann.

Der erste Besteller, die belgische Gesellschaft SABENA, kaufte fünf Maschinen. Als sie Interesse an weiteren sieben Flugzeugen äußerte, beschloß die belgische Regierung, die Maschinen nicht zu kaufen, sondern in Belgien in Lizenz durch die Firma SABCA nachbauen zu lassen. Die tschechoslowakische Fluglinie ČSA kaufte sechs Maschinen und bestückte sie mit einheimischen, allerdings in britischer Lizenz hergestellten 615-PS-Walter-Pegasus II-M2-Motoren (425 kW).

Die meisten SM-73-Flugzeuge verwendete die italienische Ala Littoria. Sie erhielt nach und nach 31 Maschinen, vorwiegend mit italienischen 800-PS-Alfa-Romeo 126 RC-10-Motoren (588 kW). Sechs weitere erwarb die Gesellschaft ALI. Die SM-73 zeigten bei allen Betreibern eine hervorragende Zuverlässigkeit, hohe Lebensdauer und ausgezeichnete Leistungen. Man kann feststellen, daß sie trotz der gemischten Konstruktion den deutschen Ju 52/3m nicht nachstanden. Die belgischen SM-73 z. B. beförderten acht Passagiere und Post auch auf einer so anspruchsvollen Linie wie der von Brüssel nach Elisabethville in Belgisch-Kongo.

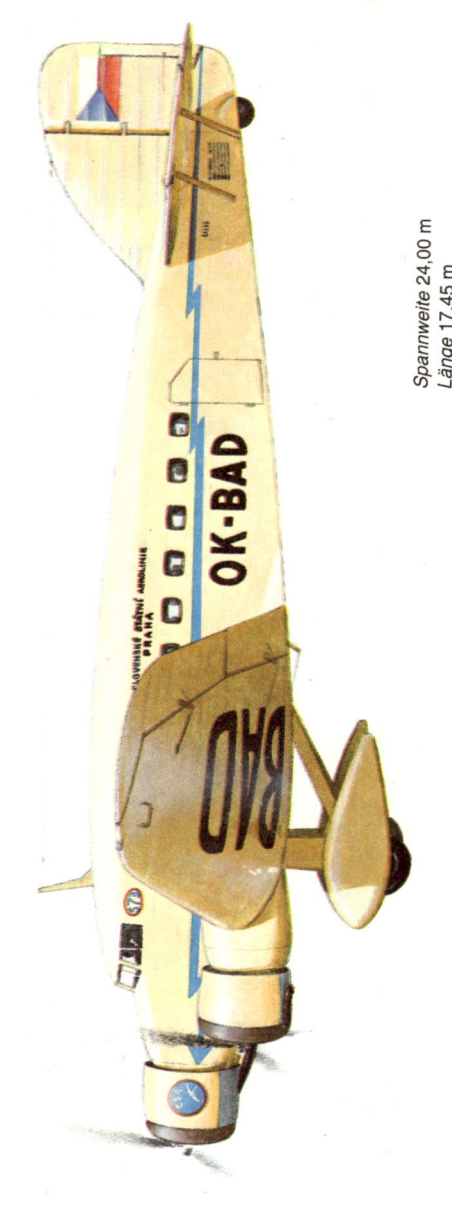

Spannweite 24,00 m
Länge 17,45 m
Flügelfläche 93,00 m²
Masse 10 430 kg
Höchstgeschwindigkeit 328 km/h
Motoren 3 × Alfa Romeo 588 kW (800 PS)

SIKORSKY S-42

USA

In den dreißiger Jahren erlangten die zweimotorigen Amphibienflugzeuge S-38 der amerikanischen Firma Sikorsky in der ganzen Flugwelt große Popularität.

Die Pan American bestellte bei Sikorsky im Jahre 1929 drei große viermotorige Amphibienflugzeuge S-40 für 40 Passagiere, und man flog mit ihnen über Mittelamerika entlang der südamerikanischen Küste bis nach Buenos Aires.

Dann bereitete sich die Pan American auf die Überquerung des Pazifik vor. Ihr Ziel war es, Verbindungen nach China und Neuseeland aufzunehmen. Für diese anspruchsvollen Linien bestellte sie im Jahre 1932 bei Sikorsky leistungsstärkere Flugboote vom Typ S-42, die mit größerem Komfort ausgestattet waren.

Sikorsky entwarf die S-42 als klassisches Flugboot mit einem langen Ganzmetallrumpf und einem Metallgerüst der übrigen Teile. Im Hinblick auf die Reichweite begrenzte man die Zahl der Passagiere auf 14 bis 32, wobei 14 Personen nachts in Betten liegend flogen. Die S-42 war mit vier 750-PS-Pratt & Whitney-Hornet S1E-G-Motoren (551 kW) ausgerüstet. Die Flugerprobungen begannen am 29. März 1934 und in ihrem Verlauf stellte die Maschine einige internationale Rekorde auf. Mit einer 2 000 kg-Last flog sie Strecken von 1 000 und 2 000 km mit einer Geschwindigkeit von 253,7, bzw. 253,5 km/h; sie beförderte eine Last von 7 533 kg in 2 000 m und von 5 000 kg in 6 204 m Höhe.

Ab August 1934 wurden regelmäßige Flüge zwischen Miami in Florida und Rio de Janeiro aufgenommen. Es zeigte sich jedoch, daß für die geplanten Pazifiklinien die Reichweite nicht ausreichte. Deshalb bestellte die PAA anstelle der bisher fliegenden S-42A nun die Version S-42B mit einer auf 1 930 km verlängerten Reichweite; die Startmasse erhöhte sich von 18 160 auf 19 050 kg. Die erste S-42B wurde 1937 in Betrieb genommen.

Die Pan American benutzte eine S-42A, umgebaut für eine Reichweite von 4 800 km und einen Dauerflug von 21,5 Stunden, zur Erprobung der Pazifiklinien. Im Jahre 1935 erprobte man die geplanten Haltepunkte der künftigen „chinesischen" Linie der PAA mit Start in San Francisco und Zwischenlandungen auf Honolulu, den Midway-Inseln, Wake und schließlich Guam.

Die S-42B wiederum war berühmt für die Erforschung der „neuseeländischen" Strecke. Von San Francisco erreichte sie im März 1937 Honolulu, von wo aus sie südlich zum Kingman Reef flog; dort nahm sie von dem wartenden Dampfer „North Wind" Treibstoff auf. Damit flog sie auf die Samoa-Inseln und von dort aus nach Auckland. Ab November 1937 bedienten die S-42B regelmäßig diese Strecke.

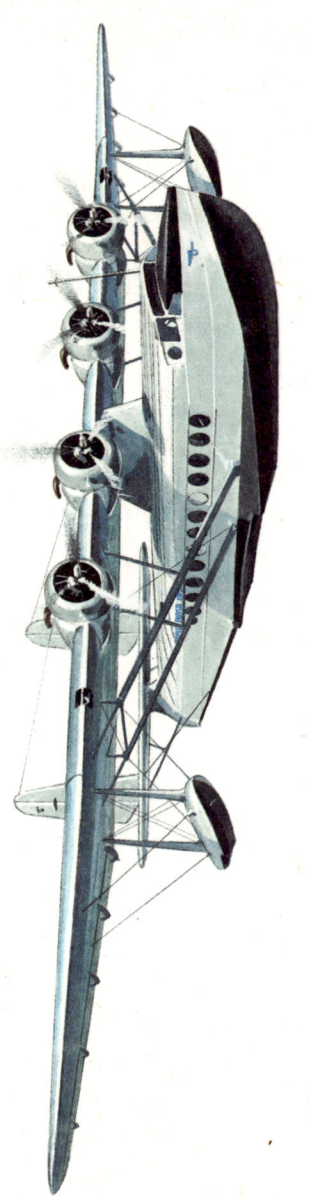

Spannweite 36,00 m²
Länge 20,74 m
Flügelfläche 124,50 m²
Masse 19 050 kg
Höchstgeschwindigkeit 302 km/h
Reichweite 1 930 km
Motoren 4 × Hornet 551 kW (750 PS)

TUPOLEW ANT-20 „MAXIM GORKI" 1934

UdSSR

Im Oktober 1932 wurde in der UdSSR der 40. Jahrestag der schriftstellerischen Tätigkeit Maxim Gorkis gefeiert. Aus einer gesamtstaatlichen Sammlung wurden sechs Millionen Rubel bereitgestellt für die Entwicklung und den Bau eines Riesenflugzeuges, das den Namen des berühmten Schriftstellers tragen sollte. Dies sollte gleichzeitig das Flaggenflugzeug des sogenannten Agitationsgeschwaders sein, das vorwiegend aus Verkehrsflugzeugen bestand. Man verwendete sie für Reisen in weniger entwickelte und verkehrsmäßig schwer zugängliche Gebiete, wo man in Form von Vorträgen, Filmvorführungen oder Lichtbildervorträgen die Bewohner politisch schulte, im Gesundheitswesen instruierte und in anderer Weise unterhielt und unterwies.

A. N. Tupolew adaptierte für diese Aufgabe das ältere Projekt eines Großflugzeuges, vergrößerte es, und für den Antrieb verwendete er sechs 900-PS-M-34FRN-Motoren (661 kW) an der Vorderkante des gewaltigen freitragenden Flügels. Da er von einer Startmasse von 40 t ausging, mußte er zwei weitere Motoren in Tandemstellung über dem Rumpf installieren. Der Typ ANT-20 war eine Ganzmetallkonstruktion. Der Bau wurde im Juni 1933 begonnen, und schon am 17. Juni 1934 unternahm M. M. Gromow damit den Erstflug.

Die Maschine flog mit einer achtköpfigen Besatzung und konnte bis 72 Fluggäste aufnehmen. Der Transport war allerdings nicht das Hauptziel. An Bord befand sich eine Druckerei für Flugblätter, man konnte auch Lichtbilder auf die Wolken oder den Schleier eines künstlichen Nebels projizieren. Ferner war ein Fotolabor vorhanden, ein riesiger Lautsprecher, Filmvorführapparate, einige kleine Sender usw.

Die ANT-20 nahm ihre Propagandatätigkeit im August 1934 auf, flog viele Male über Moskau und in ländliche Gegenden. Lange währte ihr Dienst jedoch nicht. Am 18. Mai 1935 begann der Pilot N. P. Blagin entgegen ausdrücklichem Verbot in ihrer Nähe Kunstflugfiguren mit einem I-5–Jäger auszuführen, streifte einen Flügel und beide Maschinen stürzten ab – insgesamt 46 Personen kamen ums Leben.

Eine neue Sammlung wurde organisiert, aber inzwischen hatte die Flugzeugindustrie andere Aufgaben. Außerdem war die Konzeption der ANT-20 veraltet, und so wurde nur ein sechsmotoriger Typ ANT-20bis mit AM-34FRNW-Motoren zu je 882 kW (1 200 PS) gebaut, der bei der Gesellschaft Aeroflot für die Beförderung von 64 Passagieren eingesetzt wurde.

Spannweite 63,00 m
Länge 34,10 m
Flügelfläche 486,00 m^2
Masse 42 000 kg
Höchstgeschwindigkeit 220 km/h
Reichweite 1 200 km
Motoren 8 × M-34FRN 661 kW (900 PS)

BÜCKER BÜ 131B JUNGMANN 1934

Deutschland

Der Schwede A. Andersson konstruierte in der deutschen Fabrik Bücker den zweisitzigen Schul- und Kunstdoppeldecker Bü 131 Jungmann. Der Erstflug fand am 27. April 1934 statt. Im Jahre 1935 begann man mit der Produktion des Typs 131A. Er flog mit dem 80-PS-Hirth-HM 60R-Motor (59 kW). Die Version Bü 131B mit dem 105-PS-Hirth-A2-Motor (77 kW) wurde seit 1936 produziert. Die Maschine hatte einen Rumpf aus Stahlrohren und bespannte Holzflügel. Sie zeichnete sich durch kleine Abmessungen und gute Kunstflugeigenschaften aus.

In Kunstflugwettbewerben war sie 1938 und 1961 erfolgreich. Die tschechoslowakische Version C-104 mit dem 160-PS-Water-Minor-Motor (118 kW) hielt den Geschwindigkeits- und Höhenrekord.

In Deutschland wurden insgesamt 1 000 Stück vom Typ Bü 131B produziert (davon 300 während des zweiten Weltkrieges in der besetzten Tschechoslowakei) und in Lizenz in Japan 1 037 Stück , in Spanien unter der Bezeichnung CASA 1131 200 Stück, in der Tschechoslowakei nach dem zweiten Weltkrieg als Aero C-4, auch mit dem 105-PS-Walter-Mikron-Motor (77 kW) als C-104 260 Stück und in der Schweiz 100 Stück. Nach dem zweiten Weltkrieg entstand in der Schweiz die Version Bü R-170 mit dem 170-PS-Lycoming-Motor (125 kW). Insgesamt wurden über 2 500 Jungmann-Flugzeuge produziert.

Die verkleinerte einsitzige Version Bü 133 Jungmeister aus dem Jahre 1935 mit dem 160-PS-Sh 14A-Motor (118 kW) baute man in Deutschland, Spanien (50 Stück) und in der Schweiz (47 Stück), insgesamt mehrere hundert Stück. Im Jahre 1938 siegte die Maschine Jungmeister in den Kunstflugwettbewerben in Deutschland, Frankreich, Holland, Spanien und in der Schweiz. Die letzten Exemplare der Jungmeister-Flugzeuge wurden in der BRD im Jahre 1969 produziert. Noch 25 Jahre nach dem zweiten Weltkrieg zählten die Maschinen Jungmann und Jungmeister zu den populärsten Kunstflugzeugen der Welt.

Spannweite 7,40 m
Länge 6,62 m
Flügelfläche 13,50 m²
Masse 525 kg
Höchstgeschwindigkeit 185 km/h
Reichweite 650 km
Motor Hirth HM 504 A2 77 kW (105 PS)

Frankreich

Die französische Verkehrsluftfahrt prägten in den dreißiger Jahren die originellen dreimotorigen Flugzeuge der Firma Emile Dewoitines. Es waren schlanke Ganzmetalltiefdecker mit einem auffallend langen Rumpfbug, in dem der mittlere Motor installiert war.

Die ältesten Maschinen dieses Typs bestellte die Gesellschaft Air Orient für ihre Fernlinie Marseille-Saigon (heute Ho-chi-Minh-Stadt). Die Firma Dewoitine lieferte daraufhin den Typ D-332 mit 575-PS-Hispano-Suiza-Motoren (423 kW) und einem Festfahrwerk mit mächtiger Verkleidung. Geflogen wurde die Maschine von einer vierköpfigen Besatzung. Sie beförderte acht Passagiere in bequemen, zu Liegen umwandelbaren Sesseln und 400 kg Post.

Die erste D-332 wurde am 11. Juli 1933 eingeflogen, und bereits im September stellte der Chefpilot Marcel Doret mit ihr vier Reichweitengeschwindigkeitsrekorde auf. Unter dem Namen „Emeraude" (Smaragd) wurde sie berühmt für Fernflüge in Europa, u. a. bis nach Moskau. Auf ihrer Hauptlinie nach Saigon, die 48 Flugstunden in Anspruch nahm, tauchte sie am 22. Dezember 1933 auf. Der Flug dauerte jedoch mit Zwischenlandungen ganze sechs Tage. Auf dem Rückflug zerschellte die Maschine.

Die Gesellschaft Air France, die inzwischen etabliert war, disponierte danach drei weitere D-332-Maschinen auf die Verbindung zwischen Toulouse und Dakar im Senegal um. Die D-333 beförderte bis zu zehn Passagieren, glich aber sonst genau dem Prototyp D-332. Zwei von ihnen bedienten 1938 die Südamerika-Linie der Air France zwischen Natal und Buenos Aires.

In modernisierter Dewoitine-Konzeption entstand der Typ D-338 im Jahre 1935, ausgestattet bereits mit einziehbarem Fahrgestell und leistungsfähigen 650-PS-Hispano-Suize-Motoren (478 kW). Er besaß einen geräumigeren Kabinenteil, denn Dewoitine konzipierte das Flugzeug als universal einsetzbar für mittlere und längere Strecken. Auf den innereuropäischen Linien konnte es bis 24 Fluggäste befördern, normalerweise 22; bei Flügen nach Afrika reduzierte sich diese Zahl auf 15, und bei Fernostflügen auf 12, wobei für die Hälfte der Passagiere zusammenklappbare Sessel zur Verfügung standen. Die Maschine war um 15 km/h schneller als die D-332 und die D-333.

Im Jahre 1938 übernahmen die D-338 fast alle Linien der Air France, sogar die längste Strecke bis Hongkong. Die Fabrik baute insgesamt 33 Maschinen, damals eine beachtliche Zahl.

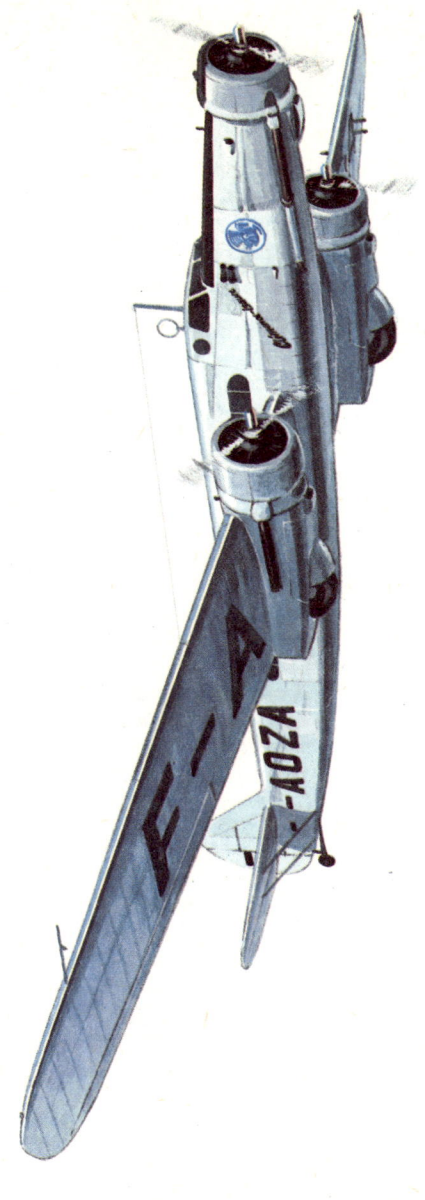

Spannweite 29,38 m
Länge 22,13 m
Flügelfläche 99,00 m²
Masse 11 150 kg
Höchstgeschwindigkeit 315 km/h
Reichweite 1 950 km
Motoren 3 × HS 9V-16, 478 kW (650 PS)

USA

Die Firma Douglas hatte mit dem Typ DC-2 einen großen kommerziellen Erfolg zu verzeichnen. Die Gesellschaft American Airlines erteilte ihr den Auftrag, für sie eine der DC-2 ähnliche Maschine zu bauen, aber mit der Möglichkeit der Übernachtung von 14 Passagieren in Betten. So entstand der Prototyp des etwas größeren Flugzeuges DST (Douglas Sleeper Transport), eingeflogen am 17. Dezember 1935 mit 900-PS-Wright-Cyclone SGR-1820-G5-Motoren (661 kW). Ab Juni 1936 flogen die DST zwischen New York und Chicago. Es zeigte sich jedoch, daß der Flug mit nur 14 Fluggästen unökonomisch war.

Die große Tragfähigkeit ermöglichte nach dem Umbau die Unterbringung von bis zu 21 Passagieren in der Kabine, und zwar in drei Reihen zu 7 Personen, sowie einer dreiköpfigen Besatzung. Die Maschinen mit einer solchen Ausstattung, genannt DC-3, wurden die erfolgreichsten Verkehrsflugzeuge der dreißiger Jahre. Geliefert wurden sie vorwiegend mit Cyclone-Motoren verschiedener Bauart und Leistungen von 771 bis 882 kW (1 050 bis 1 200 PS) oder in der Ausführung DC-3A mit Pratt&Whitney-Twin-Wasp R-1830-SCG oder S4C4-Motoren, annähernd in der gleichen Leistungsklasse.

Douglas baute bis Ende 1941 insgesamt 430 DC-3 und DST. Weitere 149 Stück der im Bau befindlichen Serie wurden nach Ausbruch des Krieges zwischen den USA und Japan von der Luftwaffe der Armee in Beschlag genommen. Nach dem Krieg richtete Douglas aus den Militärbeständen 21 DC-3C- und 28 DC-3D-Maschinen wieder her. Darüber hinaus erwarb die japanische Firma Showa die Lizenzrechte für die DC-3, die 441 Maschinen für den Militärtransport baute; weitere 71 Stück entstanden in Japan bei der Firma Nakajima. Die Sowjetunion kaufte 21 DC-3, und ab 1939 lieferte dann die sowjetische Industrie leicht veränderte Maschinen einheimischer Produktion. Diese hießen erst PS-84 und später Li-2.

Douglas modifizierte die Konstruktion für Kriegszwecke und verwendete hauptsächlich 1200-PS-Pratt&Whitney-Twin-Wasp R-1830-92-Motoren (882 kW). Am meisten verbreitet war die Ausführung C-47 Skytrain für den gemischten Personen- und Frachttransport; weniger verbreitet war die C-53-Skytrooper-Luftlandeversion. Douglas baute während des Krieges insgesamt 10 123 Stück beider Ausführungen und nach dem Krieg 803 C-47 für den zivilen Markt. Großbritannien nahm während des Krieges 1 900 Stück ab und brachte sie unter dem Namen Dakota C. Mk. I bis IV zum Einsatz. Die Sowjetunion erhielt im Rahmen der Kriegslieferungen 709 Maschinen des Typs C 47.

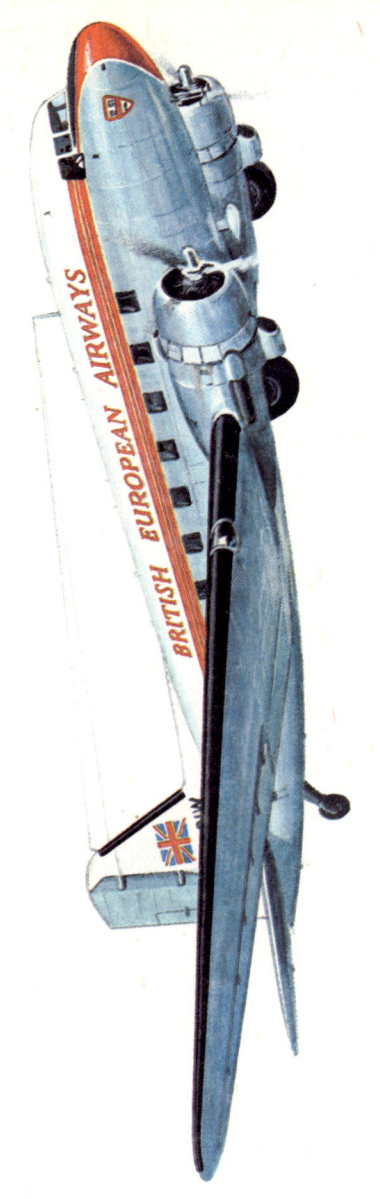

Spannweite 28,96 m
Länge 19,66 m
Flügelfläche 91,70 m²
Masse 11 078 kg
Höchstgeschwindigkeit 362 km/h
Reichweite 2 570 km
Motoren 2 × Cyclone 771 kW (1 050 PS)

USA

In der zweiten Hälfte der dreißiger Jahre tauchte in der Weltflugpresse ziemlich häufig der Name „China Clipper" auf. Er gehörte zum ersten von drei großen M-130-Flugbooten der Firma Martin, bestellt von der Pan American für den Betrieb auf Fernlinien von den USA nach China. Die Pan American nannte gewohnheitsgemäß alle ihre Flugzeuge „Clipper" nach den berühmten schnellen Segelschiffen. Jeder „Clipper" erhielt dann einen unterscheidenden Beinamen. Diese drei M-130-Maschinen nannte man „China-Clipper", „Philippine Clipper" und „Hawaii-Clipper" je nach dem Einsatzort.

Die Gesellschaft Pan American wollte ursprünglich über Alaska und den Ostzipfel Sibiriens nach Japan fliegen und von dort aus nach China, später entschloß sie sich für eine andere Strecke.

Von April bis Oktober 1935 erforschte deshalb die Besatzung eines speziell hergerichteten S-42A-Flugzeuges die südliche Linie, die von San Francisco über die Hawaii-Inseln, die Midway-Inseln, Wake und Guam nach Manila auf den Philippinen führte. Ab März 1935 arbeitete dann die Besatzung des speziell hergerichteten und ausgestatteten Schiffes „North Haven" am Aufbau der Basen auf den Inseln Midway, Wake und Guam, damit hier Treibstoff nachgetankt werden konnte und die Passagiere den unerläßlichen Komfort fanden.

Die erste M-130, eingeflogen im Oktober 1935, war ein großer Ganzmetallhochdecker mit Flügelstummeln zum Ausgleich beim Gleiten auf dem Wasser. Für den Antrieb sorgten vier 830-PS-Pratt&Whitney R1830-Twin-Wasp-Motoren (610 kW) und in den integralen Flügelbehältern (erstmals in der Luftfahrt verwendet) befanden sich 7 700 l Treibstoff. Sechs Personen bedienten die Maschine und die Passagiere. Gewöhnlich beförderte sie 12 bis 18 Fluggäste, auf kürzeren Strecken bis 48.

Der Eröffnungsflug auf der Linie San Francisco – Manila fand am 22. November 1935 statt. Der „China Clipper" beförderte 111 000 Briefe und brachte sie in 59 Stunden und 48 Minuten Flugzeit nach Manila. Den Rückflug trat sie am 6. Dezember 1935 mit 98 000 Briefen an. Die Hin- und Rückflugstrecke betrug 26 300 km, und die Maschine absolvierte sie in 123 Stunden und 12 Minuten mit einer Durchschnittsgeschwindigkeit von 213 km/h.

Ab Oktober 1936 beförderte man auch Passagiere. Zunächst endete die Linie in Manila, wo man auf ein Schiff umstieg. Ab Mai 1937 flog auf dem letzten Abschnitt von Manila über Shanghai und Kanton nach Hongkong eine Sikorsky vom Typ S-42B, ab 1938 flogen jedoch auf der gesamten Strecke allein Martins M-130, und zwar bis 1941.

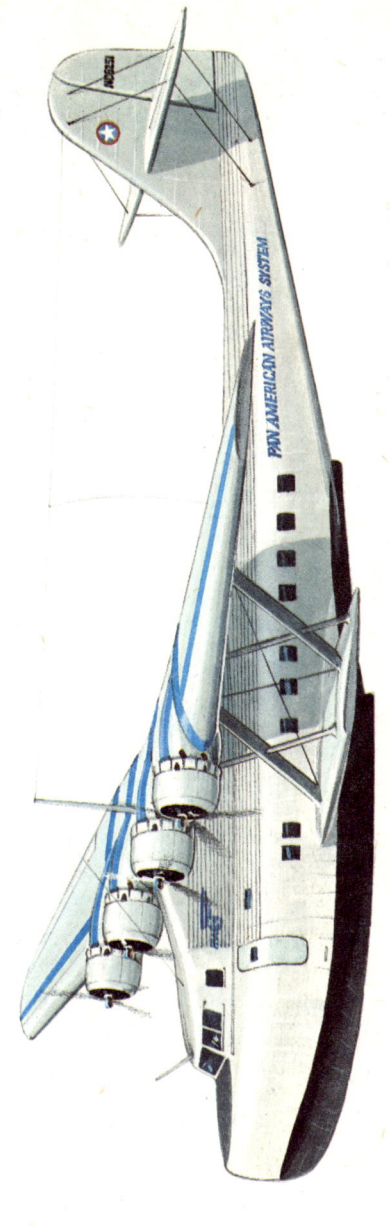

Spannweite 39,65 m
Länge 27,72 m
Flügelfläche 215,00 m²
Masse 10 478 kg
Höchstgeschwindigkeit 290 km/h
Reichweite 5 150 km
Motoren 4 × Twin Wasp 610 kW (830 PS)

Großbritannien

Als Voraussetzung für eine Rekordgipfelhöhe galt lange Zeit ein guter Motor mit vorteilhaften Höheneigenschaften, einem hohen Verdichtungsverhältnis oder mit Kompressor. Das deutlich leichtere Flugzeug mit den vergrößerten Flügeln, geführt von einem erfahrenen Piloten, konnte dann Rekordhöhen erreichen.

Im Jahre 1913 galten 6 120 m als Höhenrekord (der Franzose Legagneux auf Nieuport), 1920 schraubte man ihn auf 10 000 m (der Amerikaner Schroeder auf Le Pere). In diesen Höhen waren natürlich ein Atemgerät und ein elektrisch beheizter Fluganzug unerläßlich. Das Jahr 1930 brachte die Rekordhöhe von 13 157 m (der Amerikaner Soucek auf Wright Apache), also innerhalb von zehn Jahren ein Zuwachs von nur etwas über 3 000 m. Die Möglichkeiten, die Gipfelhöhe zu steigern, verschlechterten sich ständig. Die dünne Luft und der niedrige Druck wirkten sich ungünstig auf die Tragfähigkeit der Flügel sowie die Leistung des Motors aus, und auch dem Piloten erschwerten sie die Arbeit. Dieser mußte aufgrund des Sauerstoffmangels einen Überdruckanzug benutzen oder sogar in eine Überdruckkabine klettern, um den verringerten Luftdruck auszugleichen.

Im August 1936 stellte der Franzose Détré auf „Potez 50" einen Höhenrekord mit 14 843 m auf. Schon am 28. September 1936 übertraf ihn der britische Pilot Swain auf dem speziell konstruierten Eindecker Bristol 138. Dies war eigentlich das einzige Flugzeug, das von Anfang an für Rekordhöhen ausgelegt war. Es besaß sehr schlanke Flügel mit einem geringen induzierten Widerstand und einen Höhenmotor Bristol Pegasus. Der Pilot mit Druckanzug und einem walzenförmigen Helm erinnerte in seinem Aussehen an einen mittelalterlichen Krieger. S. R. Swain erreichte eine Höhe von 15 233 m, also 400 m mehr als Détré.

Der britische Erfolg veranlaßte die italienischen Flieger und Konstrukteure, ihre Anstrengungen zu verstärken. In kurzer Zeit veränderte man bei der Firma Caproni einen älteren Doppeldecker zum Typ Ca-161 mit sehr langen, schlanken Flügeln; der Pilot Mario Pezzi erhielt ebenfalls einen Überdruckhöhenanzug. Ihm gelang es tatsächlich, am 8. Mai 1937 in 15 655 m Höhe aufzusteigen. Die Briten wagten darauf einen neuen Rekordversuch. Am 30. Juni kletterte die verbesserte Bristol 138A mit S. R. Swain am Steuer bis auf 16 440 m. Die Italiener bauten daraufhin erneut ihren Ca-161-Doppeldecker zum Modell Ca-161bis um und verwendeten bereits eine kleine Überdruckkabine für den Piloten, die eher an eine Art Büchse erinnerte. Mario Pezzi erreichte am 22. Oktober 1938 eine Höhe von 17 083 m, die bis heute von keinem Flugzeug mit Kolbenmotor übertroffen wurde.

Spannweite 20,13 m
Länge 13,42 m
Flügelfläche 52,84 m²
Masse 2 424 kg
Höchstgeschwindigkeit 284 km/h
Gipfelhöhe 16 450 m
Motor Pegasus 338 kW (460 PS)

FARMAN F-2231

Frankreich

Der Typ Farman F-60 Goliath, von dem wir schon berichteten, war einer der letzten Doppeldecker dieser Firma, die schon bald zur Konzeption des Hochdeckers mit leicht versteiftem, großem Flügel überging. Um den Zug der Luftschraube der einzelnen Motoren so nahe wie möglich an die Achse des Flugzeuges zu bringen und so auch bei Ausfall eines Motors einen ruhigen Flug zu gewährleisten, montierten die Farman-Konstrukteure zwei Motoren neben dem Rumpf auf den kleinen Flügelstummel oder das Strebensystem. So blieb der obere Flügel unbeschwert, ohne Motorgondeln und ohne Quelle störender Strömungen. Bei der Verwendung von vier Motoren verbanden die Konstrukteure immer je zwei hintereinander.

Die französische Gesellschaft Air France kaufte im Jahre 1935 einen so bestückten viermotorigen Bomber F-220 in Ganzmetallkonstruktion, noch mit Festfahrwerk und 600-PS-Hispano-Suiza 12Lbr-Motoren (441 kW). Mit einer vierköpfigen Besatzung schaltete er sich am 3. Juni 1935 in den Postverkehr zwischen Dakar in Senegal und Natal in Brasilien ein. Den ersten Flug absolvierte er in 14 Stunden und 52 Minuten, und bis zum Ende der Saison im Jahre 1935 flog er diese Strecke siebenmal, meistens schneller als beim ersten Flug. Nach diesem Erfolg der Maschine bestellte die Air France weitere fünf F-220-Flugzeuge. Die ersten davon wurden im Dezember 1936 auf Südamerika-Linien eingesetzt, die letzte im Frühjahr 1938. Bis zum Sommer 1938 absolvierten diese Maschinen 300 Transatlantikflüge mit jeweils 600 kg Post.

Der Erfolg des Postfernflugverkehrs führte zu weiteren Bestellungen. Die Air France verhandelte mit dem staatlichen Unternehmen SNCAC, das die Farman-Produktion übernahm, und kaufte den Prototyp NC-2231, bekannt auch als F-2231. Er wurde im Juni 1937 eingeflogen. Bestückt war er mit 720-PS-Hispano-Suiza 12Xirsl-Motoren (530 kW) und zeichnete sich im Unterschied zu den älteren Maschinen durch aerodynamisch vorteilhafte Formen, schlanke Flügel, doppelte senkrechte Schwanzflächen und ein einziehbares Fahrwerk aus. Im Oktober stellte er mit einer Nutzlast von 10 t mit 260,8 km/h einen internationalen Geschwindigkeitsrekord über 1 000 km auf. Im November 1937 trat er in den Dienst der Air France, und bereits am 20. November d. J. flog er von Paris nach Buenos Aires und Santiago in 58 Stunden und 41 Minuten mit vier Zwischenlandungen.

Ein weiteres Flugzeug, die NC-2234, besaß noch ausgereiftere Formen und flog mit 1050-PS-Hispano-Suiza 12Y-37-Motoren (772 kW). Die Air France kaufte im Jahre 1939 drei Maschinen, die imstande waren, in 4 000 m Höhe zu operieren. Der Kriegsausbruch 1939 verhinderte ihren Einsatz im zivilen Postverkehr.

Spannweite 33,60 m
Länge 22,00 m
Flügelfläche 132,40 m²
Masse 19 000 kg
Höchstgeschwindigkeit 396 km/h
Reichweite 8 000 km
Motoren 4 × HS 12Xirsl 530 kW (720 PS)

FOCKE-WULF Fw 200 CONDOR 1937

Deutschland

Das deutsche viermotorige Flugzeug Focke-Wulf Fw 200 Condor ist ein Beispiel für die durchdachte Lösung einer Konstruktion von Fernverkehrsmaschinen für internationale Fluglinien. Der Chefkonstrukteur der Firma Focke-Wulf, Ing. Kurt Tank, wählte den Weg der maximalen aerodynamischen Formgebung und Verringerung der Masse des Flugzeuges.

Die Fw 200V-1, bestellt von der Deutschen Lufthansa, wurde innerhalb von einem Jahr und elf Tagen fertiggestellt. Sie startete das erste Mal am 27. Juli 1937 und flog zunächst mit amerikanischen Pratt&Whitney-Hornet S1E-G-Motoren von 560 kW (760 PS); später wurden sie durch in Lizenz gebaute Motoren gleichen Ursprungs, bezeichnet als BMW 132L mit einer Leistung von 590 kW (800 PS) ersetzt. In der Herstellung unterschieden sich die Maschinen in A- und B-Ausführungen, bestimmt für mittlere Strecken (vierköpfige Besatzung und 26 Fluggäste) sowie D-Ausführung für Langstrecken (fünfköpfige Besatzung, neun Passagiere und Post).

Die erste Maschine der Eröffnungsserie von zehn Stück, die Fw 200A-01, flog im Juni 1938 von Berlin bis Kairo mit einer Zwischenlandung im griechischen Saloniki bei höchster Etappengeschwindigkeit von 360 km/h. Die Fw 200V-1 wiederum flog im August 1938 von Berlin nach New York. Die 6 371 km lange Strecke absolvierte sie in 24 Stunden und 56 Minuten und einer Durchschnittsgeschwindigkeit von 255 km/h. Das gleiche Flugzeug startete dann am 28. November 1938 zum Flug von Berlin nach Tokio, mit geplanten Zwischenlandungen in Basra, Karatschi und Hanoi. Es zeigte eine bemerkenswerte Durchschnittsgeschwindigkeit von 330 km/h und absolvierte eine 13 844 km lange Strecke innerhalb von 46 Stunden und 18 Minuten.

Zwei Condor-Maschinen der Eröffnungsserie A (für mittlere Strecken) kaufte die dänische Gesellschaft DDL und verwendete sie ab September 1939 für die Verbindung von Kopenhagen nach London und Amsterdam. Eine davon überlebte den Krieg und war noch bis 1946 im Einsatz. Zwei weitere Maschinen kaufte die brasilianische Gesellschaft Syndicato Condor. Ihre Condors waren dort bis 1947 im Einsatz. Zu jener Zeit hieß die Gesellschaft bereits Cruzeiro do sol.

Die deutsche Lufthansa, der eigentliche Initiator der Entwicklung der Condor-Maschinen, erhielt aus der Vorserienproduktion nur vier Stück der A-Ausführung. Im Jahre 1939 ging die Produktion auf die verbesserten Fw 200B mit leistungsfähigeren BMW 132Dc- und 132H-Motoren über; letztgenannter hatte eine Leistung von 735 kW (1 000 PS). Diesen Flugzeugen für mittlere Strecken entsprachen die vier Langstrecken-Fw 200D, verwendet auf europäischen Linien der Lufthansa bis zum April 1940.

Spannweite 32,84 m
Länge 23,85 m
Flügelfläche 118,00 m²
Masse 17 500 kg
Höchstgeschwindigkeit 395 km/h
Reichweite 4 500 km
Motoren 4× BMW 132L 590 kW (800 PS)

Großbritannien

Mitte der dreißiger Jahre wurde die Firma Short beauftragt, 28 Flugboote S-23 zu liefern, die außer Post auch noch 16 liegende oder 24 sitzende Fluggäste sowie eine fünfköpfige Besatzung befördern sollten. Der Erstflug des Flugbootes S-23 fand am 4. Juli 1937 statt, der Prototyp wurde „Canopus" getauft. Auch die übrigen erhielten Namen, die mit einem „C" begannen, weshalb man sie die Klasse „C" nannte. Für den Antrieb sorgten 920-PS-Bristol-Pegasus XC-Motoren (676 kW). Die Firma lieferte insgesamt 31 Maschinen, die im Oktober 1936 zwischen Genua und Bagdad zu fliegen begannen; ab Februar 1937 beförderten sie Post zwischen Großbritannien und Australien, dann auch zwischen den Bermudas und New York sowie London und Durban in Afrika. Auch Flüge bis nach Kanada wurden versucht, aber dafür genügte die Reichweite nicht. Deswegen lieferte Short acht S-30-Maschinen mit 890-PS-Perseus XII-Motoren (654 kW).

Vier S-30 erhielten eine Vorrichtung zum Nachtanken während des Fluges, entwickelt von der Firma Flight Refuelling. Sie sollte das Nachtanken sofort nach dem Start ermöglichen, so daß die Maschine den Flughafen mit vollen Tanks verließ. Den Treibstoff leitete man durch einen elastischen Schlauch vom Rumpf einer zweimotorigen Handley Page HP-54 Harrow in das Heck der S-30. Zwei Harrows befanden sich in Irland auf dem Flugplatz Shannon und zwei in Kanada in Gander. Am 5. August 1939 startete zum ersten Mal eine S-30 von Shannon und flog nach dem Nachtanken bis Kanada.

Eine andere Methode der Verlängerung der Reichweite schlug Major Mayo vor und realisierte sie in Zusammenarbeit mit der Firma Short. Um Treibstoff einzusparen, wurde eine kleine viermotorige Postmaschine vom Typ S-20 Mercury auf dem Rücken eines Flugbootes S-21 Maia in die erforderliche Flughöhe gebracht. Die S-21 war eigentlich eine umgebaute S-23. Die zweisitzige S-20 beförderte 454 kg Post. Für den Antrieb sorgten 340-PS-Napier-Rapier-Motoren (250 kW), erreicht wurde eine Geschwindigkeit von 333 km/h; die Flugdauer betrug 24 h.

Der erste kombinierte Start erfolgte am 20. Januar 1938; am 6. Februar koppelte sich die Mercury während des Fluges ab und beide Maschinen landeten ruhig. Am 21. Juli 1938 versuchte man den ersten Überflug mit Post zwischen Großbritannien und Kanada. Am 6. Oktober 1938 startete eine S-20 mit nachgefüllltem Treibstoff und flog bis zur Bucht von Alexandria in Afrika, insgesamt 9 726 km. Das war internationaler Rekord für Wasserflugzeuge. Am 29. November 1938 nahm ein Flugzeugpaar den regelmäßigen Postverkehr zwischen Großbritannien und Alexandria in Ägypten auf, der bis September 1939 aufrechterhalten wurde.

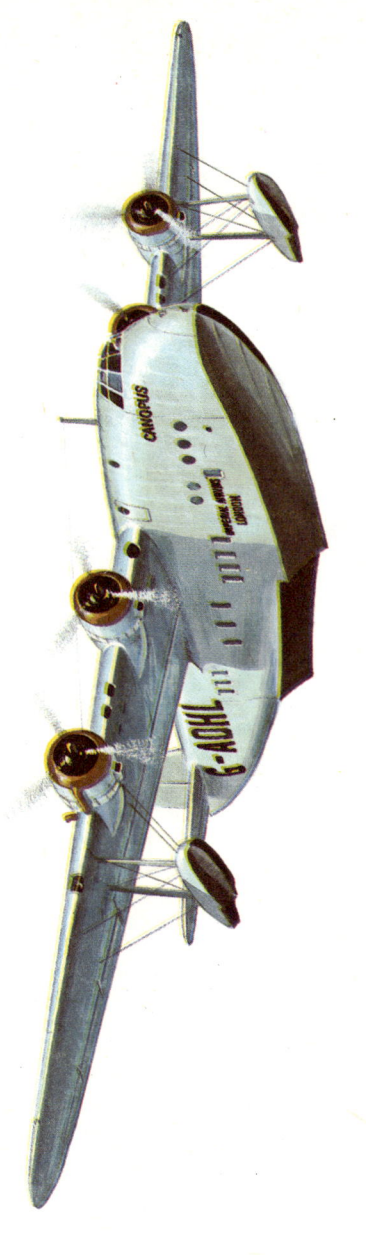

Spannweite 34,77 m
Länge 26,84 m
Flügelfläche 139,54 km²
Masse 19 794 kg
Höchstgeschwindigkeit 322 km/h
Reichweite 1 200 km
Motoren 4× Pegasus XC 676 kW (920 PS)

BOEING 307 STRATOLINER 1938

USA

Das Flugzeug Boeing 307 setzte im Weltluftverkehr ein deutliches Zeichen. Es war nämlich die erste Verkehrsmaschine mit einer Überdruckkabine für die Flugpassagiere und die Besatzung, die den gesamten Flug in einer Höhe von 4 000 m absolvieren konnte. Auf diesem Flugniveau verringert sich der negative Einfluß der Wettererscheinungen, so daß man mehr Tage im Jahr für Flüge nutzen kann. Gleichzeitig sinkt in der dünneren Atmosphäre der Luftwiderstand, wodurch man sparsamer fliegt. Das verlangte allerdings eine Überdruckkabine zur Sicherung der Sauerstoffzufuhr und Motoren, die auch in großen Höhen ihre höchste Leistung liefern.

Im Jahre 1937 verfügte die Firma über einen Auftrag zum Bau von vier solchen Höhenflugzeugen für die Gesellschaft Pan American und von sechs für die TWA. Das genügte für die Aufnahme der Entwicklung. Der Rumpf war sehr geräumig und ausreichend fest, um die Druckunterschiede beim Aufsteigen, beim Reiseflug und beim Sinken zu überstehen. Die Überdruckapparatur hielt den Luftdruck in der Kabine auf dem Niveau von 2 400 m über dem Meeresspiegel, auch wenn sich die Maschine in 4 500 m Höhe bewegte. Höhenmotoren Wright Cyclone GR-1820-G102 mit 662 kW (900 PS) besaßen die Ausführungen S-307, die für die Pan American bestimmt waren. Die Version SA-307B, vorgesehen für die TWA, war mit Motoren GR-1820-GL105A zu je 700 kW (950 PS) ausgerüstet. Die Überdruckkabine hatte Sitze für 33 Fluggäste; für Nachtflüge waren die Maschinen mit 16 Betten und neun Sitzen ausgestattet.

Der erste Prototyp startete am 31. Dezember 1938, havarierte aber im März 1939. Die Pan American setzte ihre Maschinen vor allem auf den Linien von den USA nach Lateinamerika ein, die stets im Mittelpunkt des Interesses dieser Gesellschaft standen. Die TWA verwendete die SA-307B-Flugzeuge auf Inlandlinien, so zwischen New York und Los Angeles. Die zweimotorige DC-3 flog diese Strecke in 17,6 Stunden mit vier Zwischenlandungen. Der viermotorigen Boeing genügten 15,5 Stunden. Zwar mußte sie zum Auftanken dreimal zwischenlanden, dennoch war es ein Fortschritt.

Nach Eintritt der USA in den Krieg nutzte man die Flugzeuge der Pan American mit zivilen Besatzungen für Militärtransporte. Die TWA-Maschinen gingen in den Kriegsdienst über, erhielten die Bezeichnung C-75 sowie einen militärischen Tarnanstrich. Gegen Ende des Krieges gelangten sie wieder in die Hände ihrer ursprünglichen Besitzer. In den Farben der TWA dienten sie bis 1951, zuletzt mit einer Ausstattung für 38 Passagiere. Nach dem Krieg wechselten die Maschinen dann häufig den Besitzer, sie gingen an kleine Gesellschaften über.

Spannweite 32,68 m
Länge 22,65 m
Flügelfläche 137,98 m²
Masse 19 050 kg
Höchstgeschwindigkeit 396 km/h
Reichweite 3 700 km
Motoren 4× Cyclone 662 kW (900 PS)

BOEING 314

USA

Dem viermotorigen Flugboot Boeing 314 gebührt in der Luftfahrtgeschichte ein Ehrenplatz – es eröffnete nämlich den regelmäßigen Personenluftverkehr zwischen Europa und Amerika und hielt ihn über einige Jahre aufrecht. Die Gesellschaft Pan American bestellte 1936 bei der Firma Boeing dieses Flugboot.

Der Prototyp der Boeing 314 unternahm seinen Erstflug am 7. Juni 1938. Man verwendete die Flügel des Bombers XB-15 und installierte vier 1500-PS-Wright GR-2600 Double-Row-Cyclone-Doppelsternmotoren (1 100 kW) mit einem Treibstofftank für 19 068 l. Der gewaltige Bootsrumpf mit den stabilisierenden Flügelstummeln an den Seiten bot ausreichend Raum für 74 Passagiere; bei Transatlantikflügen aber begrenzte man ihre Zahl auf 40 Personen. Die Maschine wurde von einer elfköpfigen Besatzung betreut.

Die Pan American übernahm die erste Boeing 314 im Januar 1939 und nannte sie „Yankee Clipper". Am 26. März 1939 startete sie von New York und flog über die Azoren und Lissabon nach Marseille. Der Rückflug erfolgte über Southampton, die Azoren und die Bermudas. Inzwischen hatte die Pan American eine Sikorsky S-42 ausgeschickt, um die günstigste Verbindung zu erkunden. Und am 20. Mai 1939 startete wiederum eine Boeing 314 von New York, diesmal mit 820 kg Post nach Marseille – der Flug dauerte 29 Stunden. Die ersten Personen – 20 Fluggäste – brachte sie am 24. Juni auf der nördlichen Route über Shediac in Kanada, Neufundland und Foynes in Irland nach Southampton. Die ersten zahlenden Passagiere beförderte die Maschine „Dixie Clipper" am 28. Juni auf der südlichen und die „Yankee Clipper" am 8. Juli 1939 auf der nördlichen Route.

Als im September 1939 in Europa der Krieg ausbrach, landeten die Boeing 314 in Lissabon und in Foynes auf neutralem Boden. Ab 1940 flog die Pan American von den USA über die Bermudas und die Azoren nach Lissabon, zurück dann über den westafrikanischen Hafen Bolama nach Belen in Brasilien und von dort über Trinidad und die Bermudas nach New York. Die Strecke wurde bis 1945 aufrechterhalten.

Die Pan American kaufte sechs Boeing 314, von denen vier über den Atlantik und zwei über den Pazifik flogen. Weitere sechs erhielt sie in der leistungsstärkeren Version 314A mit 1600-PS-GR-2600-A2A-Motoren (1 176 kW) und einem Treibstoffvorrat von 24 734 l. Drei der älteren Modelle überließ die Pan American der britischen Gesellschaft BOAC. Die US-Luftstreitkräfte übernahmen vier Maschinen unter der Bezeichnung C-98, aber gaben drei davon bald an die Marine weiter und eine zurück an die Pan American.

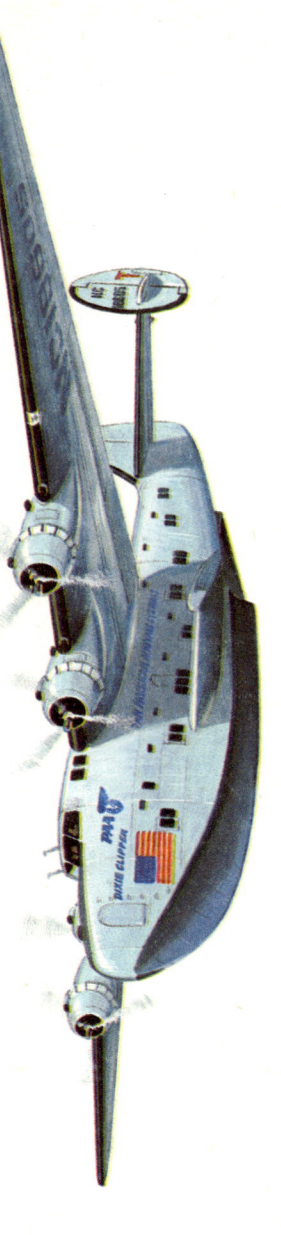

Spannweite 46,36 m
Länge 33,24 m
Flügelfläche 266,70 m²
Masse 38 136 kg
Höchstgeschwindigkeit 322 km/h
Reichweite 8 320 km
Motoren 4 × Double Row Cyclone 1 100 kW (1 500 PS)

BENEŠ-MRÁZ Be-555 SUPER BIBI   1938

Tschechoslowakei

Im Jahre 1935 entstand in der Tschechoslowakei eine neue Fabrik für Sportflugzeuge mit Namen Beneš-Mráz. Der Ingenieur Pavel Beneš konzentrierte sich vor allem auf aerodynamisch vollendete freitragende Tiefdecker in leichter Holzbauweise. In Zusammenarbeit mit der Motorenfirma Walter, die in dieser Zeit gerade von den Sternmotoren zu luftgekühlten Reihenmotoren mit hängenden Zylindern überging, gelang es Ingenieur Beneš, sehr erfolgreiche Typenserien von Sportflugzeugen zu entwickeln.

Die Reihe der Tiefdecker mit der Typenbezeichnung Be leitete im Sommer 1935 der Typ Be-50 Beta ein. Er besaß einen luftgekühlten Vierzylindermotor Walter Minor 4-I mit 62 kW (85 PS). Die Flugzeugbezeichnung lautete danach Beta Minor. Gemeinsames Kennzeichen der Betas war, daß sie zwei hintereinanderliegende Sitze hatten, bei den Typen der Reihe Be-50 offen, bei der nachfolgenden Be-51 hingegen unter einer Kabinenabdeckung. Ferner zeichneten sie sich dadurch aus, daß man Motoren mit entsprechender Leistung installieren konnte.

Am fortgeschrittensten war die als Bibi bezeichnete Serie. Eröffnet wurde sie im Jahre 1936 von einer einsitzigen Maschine Be-501 Bibi mit einem Motor Walter Mikron von 33 kW (45 PS). Etwas größer war die Be-502 mit einem Motor Minor 4-I. Beide Maschinen gewannen souverän in ihren Kategorien den internationalen Zwölfstundenwettbewerb der Stadt Angers im Jahre 1936 mit Geschwindigkeiten von 166,9 und 204 km/h. Ein Jahr später errangen die beiden Bibis internationale Geschwindigkeitsrekorde in ihren Klassen.

Der Ingenieur Beneš nutzte die Gesamtkonzeption der Bibi-Maschinen und übernahm sie überarbeitet für Zweisitzer mit einem Platz neben dem Pilotensitz in einer geschlossenen Kabine. Das war eine neue Linie im internationalen Entwicklungtrend des Baus von Sportflugzeugen, und die Firma Beneš-Mráz wirkte in dieser Richtung bahnbrechend. Im Pariser Aerosalon wurde der erste derartige Typ, die Bibi Be-550, ausgestellt; er besaß einen Motor Mikron II von 46 kW (62 PS) und zeigte ansehnliche Flugleistungen. Trotz der sehr angespannten internationalen Situation in Europa im Jahre 1938 gelang es, Serienmaschinen bis nach Großbritannien, Frankreich und Ägypten zu verkaufen; in Frankreich wurde die Lizenzproduktion vorbereitet.

Weiter vervollkommnet war der Typ Be-555 Super Bibi mit einem Motor Minor 4-I, eingeflogen im Sommer 1938 und überführt im Herbst in den Aerosalon von Paris. Er gehörte zu den Spitzenentwicklungen bei den Sportflugzeugen vor dem zweiten Weltkrieg.

Spannweite 10,00 m
Länge 7,34 m
Flügelfläche 12,00 m²
Masse 700 kg
Geschwindigkeit 225 km/h
Reichweite 1 000 km
Motor Walter Minor 4-I 62 kW (85 PS)

MESSERSCHMITT Me 209 1939

Deutschland

Die Fortschritte in der Flugtechnik trugen Mitte der dreißiger Jahre dazu bei, daß die Landflugzeuge allmählich höhere Geschwindigkeiten erzielen konnten, und für Start und Landung genügte ihnen gewöhnlich die Piste auf dem Flugplatz. Gleichzeitig war es möglich, auch mit Motoren von wesentlich niedrigerer Leistung zu einer höheren Geschwindigkeit zu gelangen.

Dies zeigte das Ganzholzrennflugzeug der französischen Firma Caudron vom Typ C-460. Es war bestückt mit nur einem 370-PS-Sechszylinderreihenmotor (275 kW), Modell Renault R-456, und Raymond Dalmotte stellte damit am 26. Dezember 1934 mit 505,85 km/h einen Rekord für Landflugzeuge auf.

Ende der dreißiger Jahre ging das gesamte Streben, Geschwindigkeitsrekorde zu erreichen, auf das nationalsozialistische Deutschland über, dem sie zur Propaganda dienten. Am 11. November 1937 erzielte der Pilot Dr. Ing. Hermann Wurster auf dem Prototyp des späteren berühmten Jägers Messerschmitt Bf 109V-13 mit einem BD 601-Motor mit auf 1 213 kW (1 650 PS) erhöhter Leistung eine Geschwindigkeit von 610,42 km/h. Die Konkurrenzfirma Heinkel wollte den Rekord für sich holen und baute bei der Konstruktion des neuen Jägers He 100 auch einige spezielle Schnellprototypen. Sie waren ungewöhnlich elegant, mit einem Oberflächenkühler an den Flügeln sowie einem Daimler Benz DB 601-Motor; seine Leistung konnte kurzzeitig bis auf 1 323 kW (1 800 PS) gesteigert werden. Auf dem Prototyp He 100V-3 stellte Ernst Udet am 6. Juni 1938 mit 634,59 km/h einen Geschwindigkeitsrekord für 100 km lange, geschlossene Strecken auf, und mit dem Prototyp He 100V-8 übertraf am 30. März 1939 Hans Dieterle deutlich den absoluten Weltrekord mit 746,45 km/h.

Unterdessen entwickelte die Firma Messerschmitt eine spezielle Geschwindigkeitsmaschine, die Me 209, mit einem eigens für sie vorbereiteten 1550-PS-DB 601ARJ-Motor (1 140 kW), dessen Leistung man mit der Einspritzung von Methylalkohol kurzzeitig auf 1 690 kW (2 300 PS) steigern konnte. Der Prototyp Me 209V-1 unternahm schon im August 1938 seinen Erstflug, aber erst am 26. April 1939 stellte Fritz Wendel auf dieser Maschine einen Geschwindigkeitsweltrekord mit 755,14 km/h auf, der für 30 Jahre Gültigkeit besaß. Erst am 16. August 1969 übertraf der Amerikaner Darryl Greenamyer den deutschen Rekord für Kolbenmotorflugzeuge auf einer umgebauten Grumman F8F-2 Bearcat und verschob die Grenze auf 769,23 km/h. Sein Landsmann Steve Hinton wiederum überschritt am 14. August 1979 die phantastische Geschwindigkeit von 800 km/h um 3,14 km, und zwar mit einer North American P-51D Mustang mit einem 3 800–PS-Rolls-Royce-Griffon-Motor (2 790 kW).

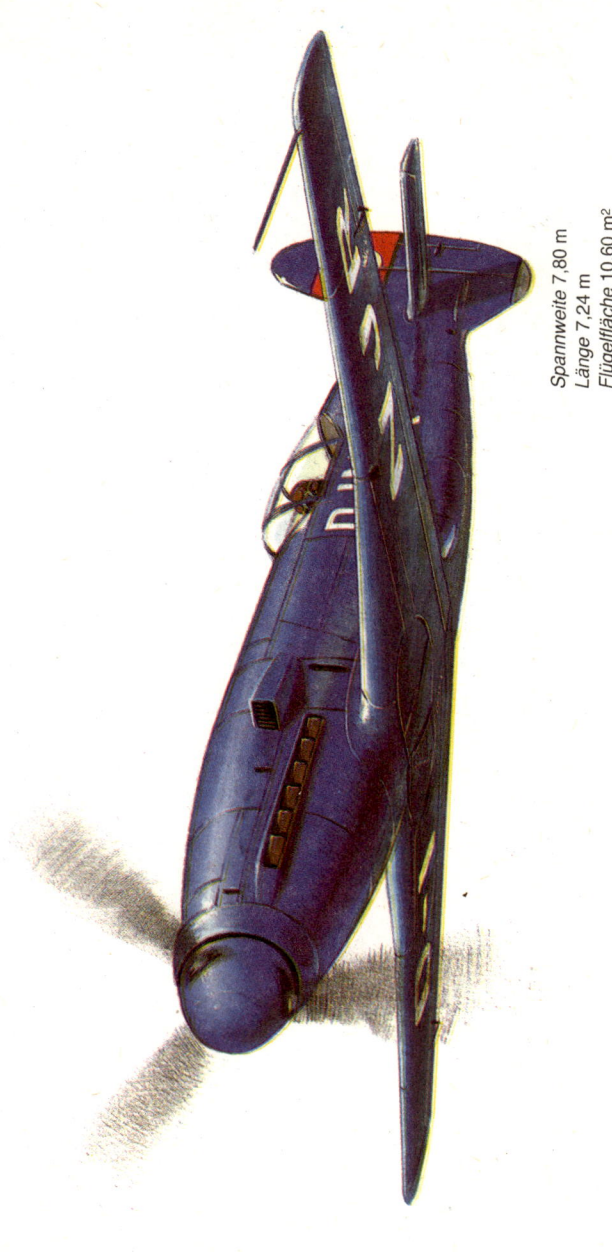

Spannweite 7,80 m
Länge 7,24 m
Flügelfläche 10,60 m²
Masse 2 517 kg
Höchstgeschwindigkeit 755 km/h
Reichweite 200 km
Motor DB Go1ARJ 1 140 kW (1 550 PS)

DOUGLAS DC-4 1942

USA

Fünf bedeutende amerikanische Gesellschaften wandten sich im Jahre 1936 an die Firma Douglas mit Aufträgen zur Konstruktion einer großen Maschine, die 42 sitzende oder 30 liegende Passagiere mit nur einer Zwischenlandung über den Kontinent befördern konnte. Douglas reagierte mit dem Prototyp DC-4E, einem Koloß mit über 29 t Startmasse und vier 1150-PS-Pratt&Whitney R-2180-Twin-Hornet-Motoren (845 kW). Eingeflogen im Juni 1939, lief ihr jedoch Boeing mit seinem Überdrucktyp 307 Stratoliner den Rang ab.

Im Jahre 1939 wiederholten drei amerikanische Verkehrsgesellschaften ihre Forderungen. Douglas war dieses Mal vorausschauender. Man konstruierte eine Maschine für 42 Fluggäste mit wesentlich geringeren Abmessungen und kleiner, jedoch aerodynamisch wirksamer Tragfläche.

Douglas erhielt einen Auftrag über 61 Maschinen DC-4 ohne Prototyp. Im Dezember 1941, als die USA in den Krieg eingetreten waren, standen neun Flugzeuge in der Fertigung, und das erste davon startete im Januar 1942 mit 1100-PS-Pratt&Whitney R-2000-Twin-Wasp-Motoren (808 kW). Die amerikanischen Luftstreitkräfte beschlagnahmten aber die gesamte DC-4A-Produktion, sie ließen die Maschinen für Militärtransporte umbauen, und so entstanden die Kriegstypen C-54 Skymaster. Diese beförderten bis 14 500 kg Nutzlast (50 Personen und fünf Mann Besatzung); die meisten flogen mit 1290-PS-R-2000-7-Motoren (948 kW). Während des Krieges waren die C-54 in den amerikanischen Luftstreitkräften weit verbreitet und bewährten sich besonders beim Langstreckentransport. Nach Beendigung der Kämpfe gelangte eine Reihe von Maschinen aus den Kriegsüberbeständen in die Fluggesellschaften der ganzen Welt.

Douglas beschloß im Jahre 1946, die Serienproduktion von vervollkommneten DC-4, vorwiegend für den zivilen Verkehrsdienst, aufzunehmen. Er lieferte sie bis August 1947. Diese Flugzeuge besaßen eine Kabine für 44 Fluggäste, und die leistungsfähigeren 1 460-PS-R-2000SD-13G-Motoren sorgten für eine Erhöhung der Geschwindigkeit auf 448 km/h. Die Startmasse stieg auf 33 145 kg, die Treibstoffbehälter konnten ebenfalls vergrößert werden und die Nachkriegs-DC-4 erzielten eine Reichweite von etwa 6 800 km. Der Transatlantikverkehr von Personen und Gütern war für sie eine normale Angelegenheit. Douglas baute insgesamt 1 242 Maschinen der Serie DC-4/C-54.

Die Konzeption der DC-4 diente der Firma Douglas als Grundlage für die Nachkriegskonstruktion mit Überdruckkabinen. Es handelte sich um die Typen DC-6 für 52 bis 92 Passagiere, DC-7 und DC-7C mit einer Kapazität bis 104 Personen.

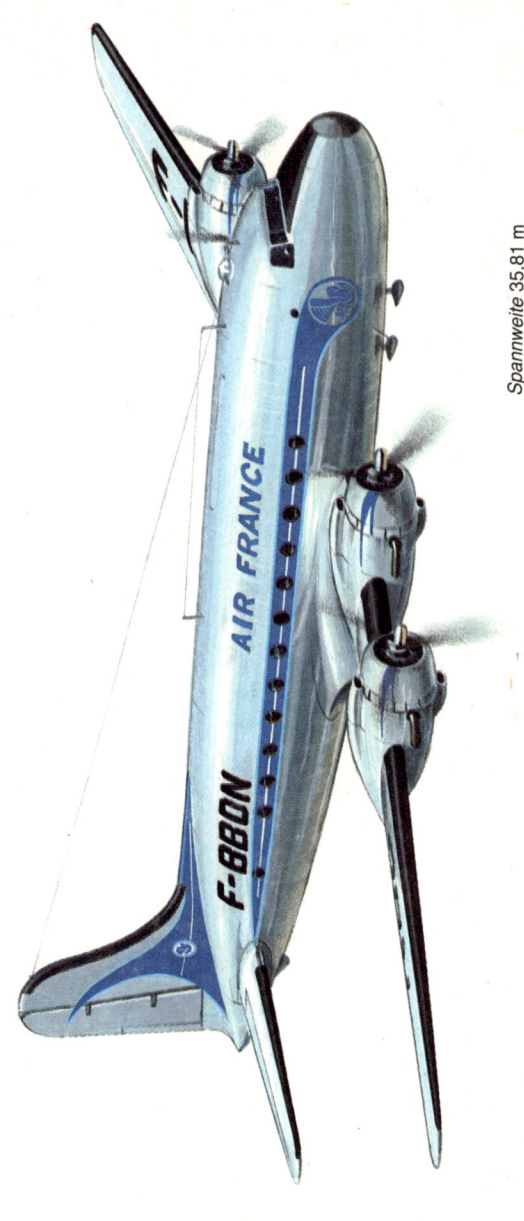

Spannweite 35,81 m
Länge 28,64 m
Flügelfläche 135,35 m²
Masse 28 150 kg
Höchstgeschwindigkeit 430 km/h
Reichweite 2 480 km
Motoren 4 x Twin Wasp 808 kW (1100 PS)

USA

Die Firma Lockheed begann den Typ L-49 Constellation im Auftrag der Gesellschaft TWA ab 1940 zu entwickeln, als sie 40 Bestellungen auch von anderen Gesellschaften erhielt. Die Maschine sollte 44 bis 54 Passagiere aufnehmen und, mit 2200-PS-Wright R-3350-C18-Motoren (je 1 617 kW) ausgerüstet, eine Reisegeschwindigkeit von 480 km/h erreichen. Der Prototyp startete am 9. Januar 1943 als Militärtransporter XC-69, da die Luftstreitkräfte die Entwicklung übernommen hatten. Im April 1943 überquerte Howard Hughes mit einer solchen Maschine die USA von Kalifornien nach Washington D.C. in 6 Stunden und 57 Minuten.

Bis zum Ende des Krieges baute Lockheed 22 Flugzeuge des Typs L-49 bzw. C-69 für die Luftstreitkräfte. Danach konnte man die fertiggestellten Stücke für die Produktion von 68 zivilen L-149 nutzen. Eine größere Serie von 133 Flugzeugen baute man als Fernflugversion L-649 für den kontinentalen Verkehr und die L-749 für den Überseeverkehr. Die ersteren führten 17 300 l Treibstoff mit, die letzteren 22 000 l. Die größte Kabinenkapazität war 64 Sitze. Die Maschinen waren mit 2 500-PS-Duplex-Cyclone R-3350-C18DB-1-Motoren (1 837 kW) bestückt. Um die Tragfähigkeit der Flugzeuge zu nutzen, wurde unter dem Rumpf ein Frachtbehälter, Speedpack genannt, für 3 723 kg Fracht angebracht.

Auf die erste Constellation reagierte die Firma Douglas mit dem Typ DC-6. Gegenzug von Lockheed war der Typ L-1049 Super Constellation, entwickelt im Auftrag der Gesellschaft TWA. Er hatte einen um 5,5 m längeren Rumpf als die bisherigen Constellation-Maschinen, also einen um 35 % größeren Beförderungsraum und die Möglichkeit, 40 % mehr Nutzlast zu transportieren. Aufgenommen werden konnten nunmehr 88 bis 92 Flugpassagiere.

Im Jahre 1952 gingen die L-1049A der Gesellschaft TWA auf die Linien, doch schon seit Dezember 1951 flogen sie bei Eastern Air-Lines. Ihre 2 800-PS-R-3350-C18CB1-Motoren (2 060 kW) genügten, um die gestiegene Masse zu bewältigen, sicherten allerdings dem Flugzeug keine glanzvollen Leistungen. Das gelang erst mit den R-3350-18 DA3T, den sog. Turbo-Compound-Motoren. Die Energie ihrer Auspuffgase nutzten in beträchtlichem Maße drei Turbinen, die hinter dem Motor lagen und die sie auf die Welle des Kolbentriebwerkes übertrugen. So gelang es, die Leistung auf 2 389 kW (3 350 PS) zu steigern. Nach den Versuchsfrachtmodellen L-1049B und D erhielt im Oktober 1953 auch das Passagierfernflugzeug L-1049C diese Motoren.

Allmählich erhöhte sich bei einer weiteren Modifizierung, der E, die Anzahl der Sitze auf 99, auch für den Flugverkehr über den Atlantik, und die Maschine konnte jetzt mit einer Masse von 68 t starten.

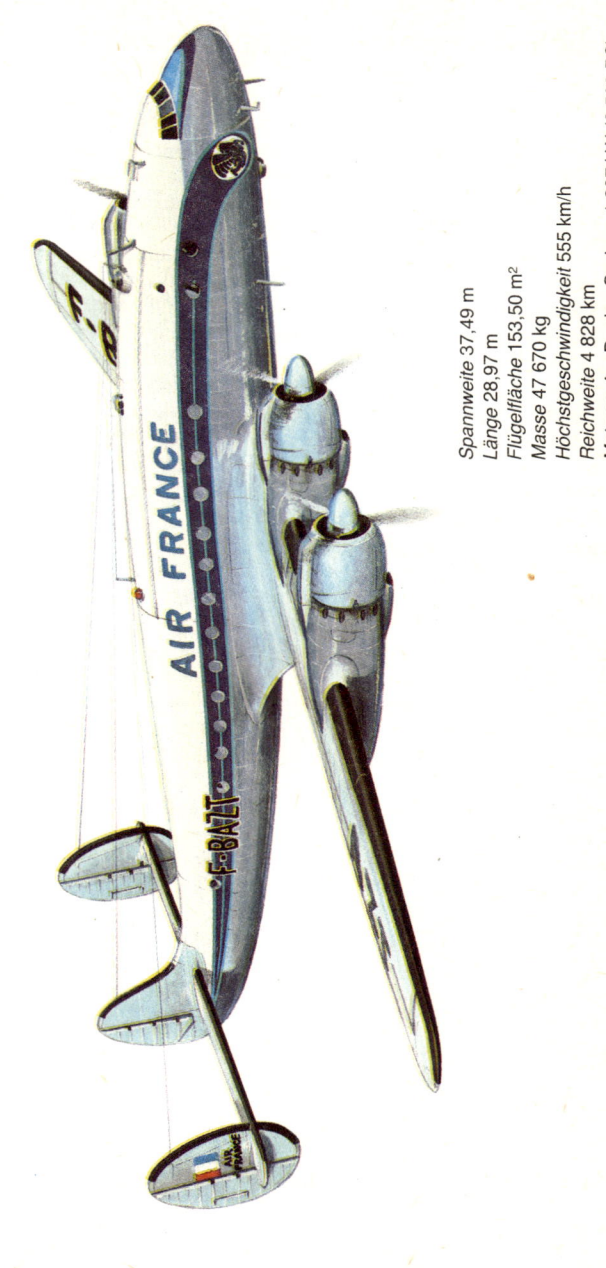

Spannweite 37,49 m
Länge 28,97 m
Flügelfläche 153,50 m²
Masse 47 670 kg
Höchstgeschwindigkeit 555 km/h
Reichweite 4 828 km
Motoren 4 x Duplex Cyclone 1 837 kW (2 500 PS)

REPUBLIC RC-3 SEABEE 1944

USA

Im Jahre 1944 lief zwar die Waffenproduktion einschließlich des Flugzeugbaus in den USA auf vollen Touren, aber viele Firmen in den USA und in Großbritannien begannen über die Situation nach Beendigung des Krieges nachzudenken.

Die amerikanische Firma Republic, bekannt für die Produktion von P-47 Thunderbolt-Jagdflugzeugen während des Krieges, hatte noch nie Zivilflugzeuge gebaut, nun aber mußte man an ihre Einführung denken. Im Jahre 1944 beschloß man, mit der Entwicklung eines kleinen Sport- und Touristikflugzeuges für vier Personen zu beginnen, und zwar in Amphibienausführung. Genannt wurde es RC-1 Seabee. Die Amphibienmaschinen stellten an die Entwicklung höhere Ansprüche als die spezialisierten Land- und Wassertypen, weil es hier erforderlich war, mehrere gegensätzliche konstruktive und aerodynamische Elemente miteinander zu verbinden. Zu bauen war ein Bootsrumpf mit ausreichender Verdrängung, das Fahrwerk mußte so weit zu bewegen sein, daß es zumindest über der Wasseroberfläche zu liegen kam, auf dem Wasser wie auf dem Land mußte das Flugzeug gut lenkbar sein usw. Der Preis für ein Amphibienflugzeug fiel immer höher aus, und der Kreis der Interessenten blieb daher begrenzt. Dabei wuchs der Bedarf an derartigen Maschinen in den seenreichen Landstrichen der USA und Kanadas, an den Ufern der Großen Flüsse in Südamerika, im Gebiet der nördlichen Fjorde usw. ständig.

Die Firma Republic beschloß, das Problem durch einen billigen und in großer Stückzahl produzierten Typ namens Seabee zu lösen. Der erste Versuch mißlang allerdings. Der Prototyp RC-1, eingeflogen im November 1944, war in der Produktion zu arbeitsaufwendig und hatte eine zu hohe Masse. Der verwendete 175-PS-Franklin 6ALG-365-Motor (128 kW) genügte offensichtlich nicht. Sonst war es eine gut konstruierte Maschine: Bootsrumpf und eine Gondel für vier Personen im Bug. Hinter der Gondel befand sich der Motor in Druckstellung.

Es war erforderlich, die Konstruktion zu verändern und die Technologie wesentlich zu vereinfachen. Die Konstrukteure verwendeten größere gepreßte Duralblechteile, wodurch die Anzahl der Teile und der Nietenverbindungen eingeschränkt werden konnte. So entstand die RC-3 Seabee, die ab Sommer 1944 in Serien produziert wurde. Sie besaß nur 65 % der Masse des Prototyps, erhielt aber trotzdem einen stärkeren 215-PS-Franklin 6A8-215-88F-Motor (158 kW). Sie war relativ billig, und die bis Oktober 1947 hergestellten 1 060 Maschinen verkauften sich gut.

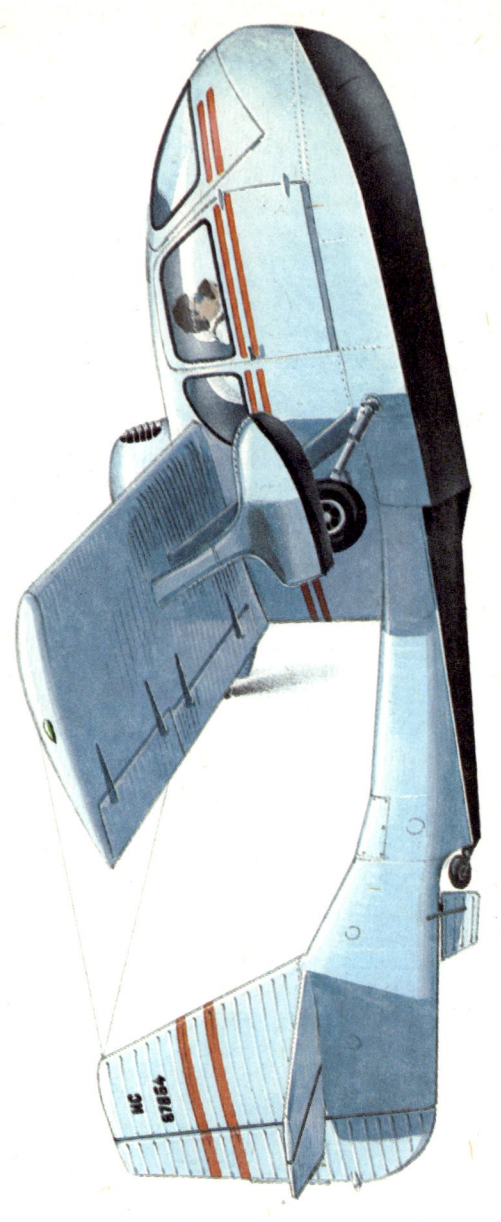

Spannweite 11,49 m
Länge 8,51 m
Flügelfläche 18,23 m²
Masse 1 362 kg
Höchstgeschwindigkeit 193 km/h
Reichweite 900 km
Motor Franklin 6A8 158 kW (215 PS)

BRISTOL 170 FREIGHTER/WAYFARER 1945

Großbritannien

Als am 2. Dezember 1945 zum ersten Mal der Prototyp des britischen Flugzeugs Bristol 170 Freighter I startete, erhoben sich in der Flugpresse der Welt Stimmen, die von einem Weg zurück sprachen. Es handelte sich um einen fast unansehnlichen Hochdecker mit mächtigem gewölbten Bug und einem hohen Festfahrwerk. Die Praxis zeigte jedoch, daß die Konstrukteure der Bristol sehr wohl nach vorn geschaut hatten und ihrem Typ 170 einen Verkaufserfolg sicherten.

Die Konstruktion der Bristol 170 basierte auf dem Projekt eines Luftlandeflugzeuges. Der Krieg ging jedoch zu Ende, bevor man den Prototyp erproben konnte. Die Firma Bristol beschloß, in der Entwicklung fortzufahren und den Typ 170 für den zivilen Markt als speziellen Transporter, Freighter, und gegebenenfalls als Maschine für den Personenverkehr, Wayfarer, anzubieten. Den riesigen Bug des Rumpfes konnte man als zweiflügliges Tor öffnen, durch das Fahrzeuge in den Innenraum gelangen konnten. Um die größtmögliche Weite für die Kabine zu sichern, setzten die Konstrukteure den Pilotenraum darüber.

Der erste Prototyp flog ohne Ausstattung, der zweite, eingeflogen im April 1946, hatte 34 Sitze für Passagiere und war also der erste echte Wayfarer. Ab Mai beförderte er Reisende auf die Inseln im Ärmelkanal. Die erste vollständig ausgestattete Freighter begann im Juni 1946 zu fliegen. Allmähliche Veränderungen führten zur zahlenmäßig größten Serienausführung Freighter 21 mit 1 690-PS-Bristol-Hercules 672-Motoren (1 242 kW) und einer Tragfähigkeit von 5 100 kg Fracht. Ab 1948 übernahmen diese Flugzeuge einen regelmäßigen und sehr aufwendigen Transport von PKWs und ihren Insassen zwischen Großbritannien und dem europäischen Festland. Sie beförderten zwei Autos und zehn Personen. Der Flug dauerte durchschnittlich 25 Minuten, und vor allem in der Sommersaison hatte die Gesellschaft Silver City Airways lange im voraus ausgebuchte Flüge.

Im Jahre 1953 kam die Version Freighter 32 mit einem auf 22,36 m verlängerten Rumpf auf den Markt. Die nicht ganz zwei Meter Zugabe ermöglichten nun die Aufnahme von drei PKWs und ihren Insassen. Die Maschine beförderte 7 000 kg Fracht. Sie besaß eine Startmasse von fast 20 000 kg, die durch die leistungsfähigeren 1 980-PS-Hercules-734-Motoren (1 455 kW) bewältigt wurde.

Im Jahre 1958 lief die Produktion des Typs 170 nach der Lieferung von 314 Stück aus. Das größte Interesse bestand für Freighter, die auf allen Kontinenten zu finden waren. Von der Gesamtproduktion waren nur 16 Stück Wayfarer, also Personenflugzeuge.

Spannweite 32,94 m
Länge 20,84 m
Flügelfläche 130,70 m²
Masse 18 160 kg
Höchstgeschwindigkeit 314 km/h
Reichweite 788 km
Motoren 2 × Hercules 632, 1 231 kW (1 675 PS)

Großbritannien

Die Firma Vickers war während des Krieges berühmt für ihre zweimotorigen Bomber vom Typ Wellington. Ihr Gerüst bestand aus einem System von gegeneinander gekreuzten Duralprofilen, die am Rumpf eine spiralenförmig gewundene Schale bildeten. Das Ganze hatte eine Stoffbespannung und zeichnete sich durch Leichtigkeit bei hoher Festigkeit aus. Dieses Konstruktionsverfahren hieß geodätisch.

Die Firma war nach dem Krieg bestrebt, die Flügelkonstruktion des Typs Wellington durchzusetzen, sie aber mit einem modernen Ganzmetallschalenrumpf zu kombinieren, der genügend Innenraum für die Passagierkabine bot. Als eine Kombination dieser Elemente entstand das Modell Vickers 491, das als VC-1 Viking auf den Markt kam.

Die Flugerprobungen begannen am 22. Juni 1945, dank der vom Typ Wellington übernommenen Tragfläche ein Jahr nach Entwicklungsbeginn. Das Flugzeug besaß einen robusten, geräumigen Rumpf mit einer Kabine für 21 Fluggäste, also die Kapazität der DC-3. Für den Antrieb sorgten 1 670-PS-Bristol-Hercules 130-Doppelsternmotoren (1 230 kW). Ähnlich wie der Prototyp sahen auch die 19 Serienmaschinen der ersten Ausführung Mk.IA aus.

Die britische Gesellschaft für den Verkehr zwischen Großbritannien und dem Kontinent, British European Airways (BEA), eröffnete mit ihnen im September 1946 den Betrieb auf der Linie London – Kopenhagen und setzte sie auch anderweitig ein. Beim Betrieb zeigte sich aber ein schwerwiegender Mangel. Am Tragwerk und am Höhenleitwerk bildete sich während des Fluges in größeren Höhen mit niedriger Lufttemperatur Eis, das sich mit den gewohnten Mitteln nicht beseitigen ließ. Deshalb mußten die Vickers-Konstrukteure die Flugzeuge umgestalten, was der Gesellschaft BEA beträchtlichen kommerziellen Schaden eintrug. Gleichzeitig erwies sich auch die geodätische Konstruktion als veraltet, und die neuen Flugzeuge der Serie Mk.B erhielten schon Ganzmetallflügel. Aus wirtschaftlichen Gründen war es erforderlich, auch die Kabinenkapazität zu vergrößern. Aufgrund des um 0,7 m verlängerten Rumpfes konnte die Zahl der Fluggäste von 24 auf 27 erhöht werden. Die größere Last bewältigten die leistungsfähigeren 1 690-PS-Hercules 634-Motoren (1 242 kW).

Die umgestalteten und neuen Vikings nahmen im April 1947 den Flugbetrieb wieder auf. Im Oktober 1952 baute die Firma noch Maschinen der sog. Admiral-Klasse mit einer Kabine für 32 bis 36 Passagiere. Die Gesellschaft BEA verwendete die Vikings aller Ausführungen bis 1954. Insgesamt entstanden 163 VC-1-Maschinen aller Ausführungen.

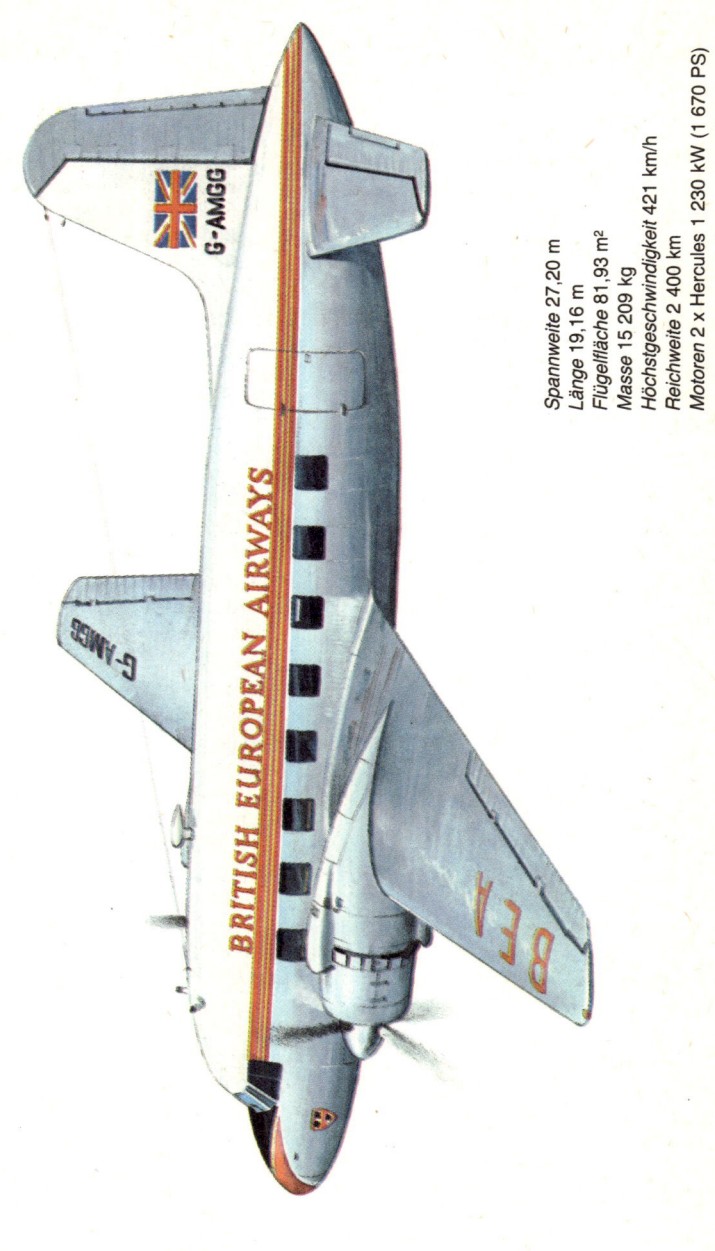

Spannweite 27,20 m
Länge 19,16 m
Flügelfläche 81,93 m²
Masse 15 209 kg
Höchstgeschwindigkeit 421 km/h
Reichweite 2 400 km
Motoren 2 x Hercules 1 230 kW (1 670 PS)

BEECHCRAFT 35 BONANZA 1945

USA

Bisher kannte die Geschichte des Flugwesens kein erfolgreicheres Sport- und Touristikflugzeug als die amerikanische Beechcraft 35 Bonanza. Die Firma Beechcraft, die sich bis zu dieser Zeit eher mit kleinen Verkehrsflugzeugen beschäftigte, beschloß im Jahre 1945, eine moderne viersitzige Ganzmetallkonstruktion auf den Markt zu bringen.

Der Prototyp des Modells 35 Bonanza startete am 22. Dezember 1945 mit einem 185-PS-Continental E-185-1-Motor (136 kW). Charakterisiert war er durch ein einziehbares Bugfahrwerk, vor allem aber durch ein neues Leitwerk vom sogenannten Schmetterlingstyp. Es waren nur zwei Flächen in 33° V-Stellung, und sie verbanden die Funktionen des Höhen- und Seitenleitwerks, einschließlich der Steuerflächen. Sie sparten eine Masse von etwa 7 kg, senkten den Luftwiderstand und versprachen auch eine einfachere Bedienung.

Die Bonanza produzierte man 38 Jahre lang als das Modell 35, und es entstanden davon 15 535 Stück! Nach und nach baute man neuere Versionen von A35 bis V35 (letztere im Jahre 1965), man installierte stärkere Motoren mit Treibstoffeinspritzung, die Zahl der Passagiere erhöhte sich von vier auf fünf und sechs. Die letzte Version, die V35, baute man von 1965 bis 1983.

Im Jahre 1959 meinten die Konstrukteure, es sei ihnen gelungen, die Schmetterlingsleitwerke in eine optimale Stellung zu bringen, aber ein weiterer größerer Eingriff in die Konstruktion hätte diesen Zustand wieder zerstören können. Und einige Besteller hatten gegen die Leitwerkkonstruktion Einwände. Daher brachte die Firma 1959 den Typ 35 Debonair auf den Markt, der eine Bonanza mit klassischem Leitwerk war. Man begann mit einem 225-PS-IO-470J-Motor (164 kW) als Viersitzer. Die weitere Entwicklung brachte 1972 die Version E33, die aber ebenfalls die ursprüngliche Bezeichnung „Bonanza" übernahm. Dieser Seitenzweig existiert bis in die Gegenwart mit dem Modell F33 Bonanza mit fünf Sitzen und einem 285-PS-IO-52OBB-Motor (213 PS). Bis zum 1. Januar 1988 entstanden 2 760 Stück aller 33er Modelle, und die Produktion verlangsamt sich.

Im Juni 1968 entstand der größte Typ, die Beechcraft 36 Bonanza, der sich an die V35 anschloß, jedoch wieder mit klassischem Leitwerk. Die Maschinen der Reihe 36 begannen schon als Sechssitzer mit langem Rumpf und geräumigem Gepäckraum. Die letzte Version ist die B36TC Turbo Bonanza mit einem 300-PS-TSIO-52OUB-Motor (224 kW), versehen mit einem Turbokompressor. Die Maschinen sind sechssitzig und erreichen eine Geschwindigkeit bis 370 km/h. Die Reichweite läßt sich mit Zusatztanks auf 2 090 km ausdehnen. Von der Version 36 entstanden 3 580 Stück, und sie wird weiterhin produziert.

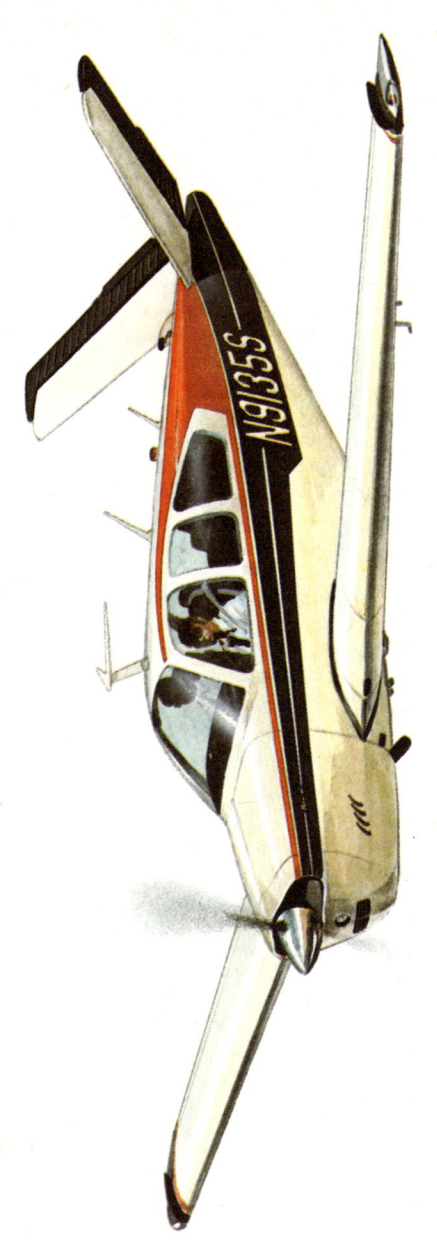

Spannweite 10,00 m
Länge 7,67 m
Flügelfläche 16,44 m²
Masse 1 157 kg
Höchstgeschwindigkeit 295 km/h
Reichweite 1 210 km
Motor E-185-1 136 kW (185 PS)

CONVAIR CV-240 CONVAIR LINER   1947

USA

Nach dem zweiten Weltkrieg war die Verkehrsluftfahrt überschwemmt von Douglas-Verkehrsmaschinen der Serie DC-3/C-47. Viele Firmen erklärten sie für ökonomisch unvorteilhaft und technisch veraltet. Die Losung „Ersatz für die DC-3" brachte damals tatsächlich Bewegung in die Luftfahrt.

Eine der erfolgreichen Firmen war die amerikanische Convair. Sie kombinierte eine hohe Reisegeschwindigkeit von über 400 km/h mit einer großen Kabinenkapazität (mindestens 40 Fluggäste) und verwendete sehr leistungsfähige 2 400-PS-Pratt & Whitney R-2800-CA-18-Motoren (1 764 kW). Ihre Auspuffe waren mit Strahlrohren versehen, und die Energie der Auspuffgase wurde genutzt, um das Flugzeug zusätzlich um etwa 16 bis 19 km/h zu beschleunigen. Von den anderen technischen Neuerungen ist noch die installierte Passagiertreppe zu erwähnen, durch die die Maschine nicht auf die Flugplatzeinrichtungen angewiesen war.

Nach dem mißglückten Prototyp CV-110 aus dem Jahre 1946 startete am 16. März 1947 die erfolgreiche CV-240, genannt Convair Liner. Sie flog mit einer drei- bis vierköpfigen Besatzung und 40 Passagieren und wies Kosten pro Reisenden und Kilometer Flugstrecke in einer Höhe von 97 % der Parameter der DC-3 aus. Das war unbestritten ein Erfolg, und die CV-240 gelangten bald auf die amerikanischen und europäischen Linien. Als erste führte sie die Gesellschaft American Airlines im Juni 1948 ein. Insgesamt entstanden 176 zivile CV-240; gebaut wurden auch eine Militärsanitätsausführung C-131 sowie Übungsmaschinen T-29.

Für Gesellschaften, die höher gelegene Flugplätze ansteuerten, entwickelte die Firma Convair die Version CV-340. Diese hatte ein Tragwerk mit einer Spannweite von 32,12 m und einer Fläche von 85,50 m², und ihre 2 430-PS-R-2800-CB-Motoren (1 784 kW) zeigten ausdauernd hohe Leistungen auch in großen Höhen. Die erste CV-340 flog am 5. Oktober 1951, und aufgrund ihrer guten Tragfähigkeit konnte sie in dem verlängerten Rumpf bis zu 44 Passagiere aufnehmen. Den regulären Linienbetrieb begann sie im November 1952. Außer in den USA war sie auch in einigen westeuropäischen Gesellschaften vertreten. Mit 209 verkauften Zivilflugzeugen übertraf die CV-340 die ursprüngliche CV-240.

Am 6. Oktober 1955 startete der erste Prototyp der CV-440 Metropolitan, besser geeignet für Flüge in großen Höhen und mit einer vervollkommneten schallisolierten Kabine ausgestattet. Angetrieben wurde dieser Typ von 2 500-PS-R-2800-CB-17-Motoren (1 837 kW) und ausgeliefert in einer Ausstattung für 44 bis 52 Passagiere. Convair verkaufte 186 CV-440 Maschinen.

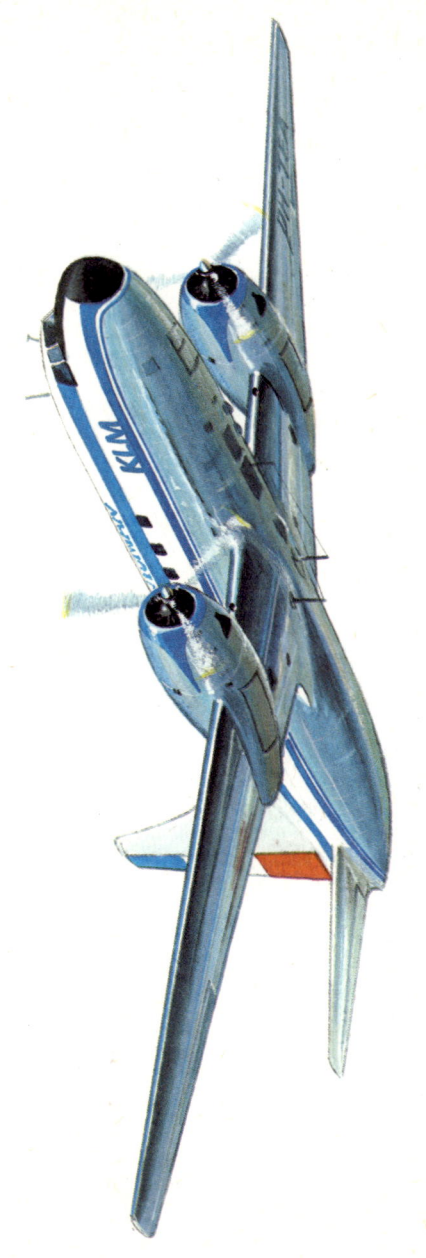

Spannweite 27,98 m
Länge 22,77 m
Flügelfläche 75,90 m²
Masse 18 387 kg
Höchstgeschwindigkeit 432 km/h
Reichweite 2 880 km
Motoren 2 × R-2800/FC 1 764 kW (2 400 PS)

USA

Die Firma Boeing baute in der zweiten Hälfte des zweiten Weltkrieges moderne Fern- und Höhenbomber des Typs B-29 Superfortress. Unter Nutzung der Tragflächen und des Leitwerkes sowie der Motoren dieser Flugzeuge wurde der Großraumfrachttyp Boeing XC-97 Stratofreighter konstruiert und im November 1945 eingeflogen. Durch Weiterentwicklungen und unter Verwendung der Flügel des vervollkommneten Typs B-50 mit 3 500-PS-Pratt & Whitney-R-4360 Wasp-Major-Motoren (2 570 kW) entstanden dann die Serienflugzeuge C-97, produziert von 1947 bis 1956 in einer größeren Stückzahl für den militärischen Dienst.

In der Zeit des Baus der ersten Prototypen entwickelte die Firma Boeing nach Vereinbarung mit der Verkehrsgesellschaft Pan American die zivile Verkehrsvariante Boeing 377-10-26 Stratocruiser. Ein Vorteil gegenüber den Konkurrenzerzeugnissen war ohne Zweifel der geräumige Rumpf mit seinem einer Acht ähnlichen Querschnitt. In der oberen, größeren Kabine waren Räume für die siebenköpfige Besatzung und für die Passagiere, je nach Reichweite und Ausstattung für 60 bis 81 Personen. Es handelte sich um eine Überdruckkabine, klimatisiert und ziemlich komfortabel. Unter anderem befand sich im Unterdeck, also im unteren Abschnitt der Acht, eine Bar, in die eine kleine Wendeltreppe führte. Sonst nutzte man die unteren Räume für Post und Güter.

Im Juni 1947 startete die erste Stratocruiser für die PAA, die diese Maschinen im Jahre 1949 auf ihrer Transatlantiklinie einsetzte. Es zeigte sich, daß die Möglichkeit, während des Fluges umherzulaufen, die Bar zu betreten, sich hier zu erfrischen, für die Reisenden eine einzigartige Attraktion darstellte, da sie sich sonst während des Fluges gewöhnlich langweilten. Die Passagiere begannen sich die Verbindungen der PAA mit diesen Flugzeugen herauszusuchen, und auch die American Oversea Airways fand Gefallen an den Maschinen und kaufte sechs Stück davon. Sieben erwarb eine andere Gesellschaft, die United Air Lines, und sechs die britische BOAC, die skandinavische SAS bestellte vier usw. Außer zu Transatlantikflügen verwendete man die Stratocruiser auf Linien wie San Francisco – Honolulu, New York–Bermudas, Los Angeles–Seattle.

Für die Betreibergesellschaften jedoch war die „377" unwirtschaftlich. Die großen Maschinen mit den unökonomischen Motoren und der relativ kleinen Anzahl von Sitzen für die Fluggäste erforderten hohe Ausgaben. Die meisten Flugzeuge (insgesamt 17), kaufte dann die britische Gesellschaft BOAC, die vom Staat stark unterstützt wurde. Sie hatte die Boeing-Flugzeuge noch bis 1958 im Betrieb.

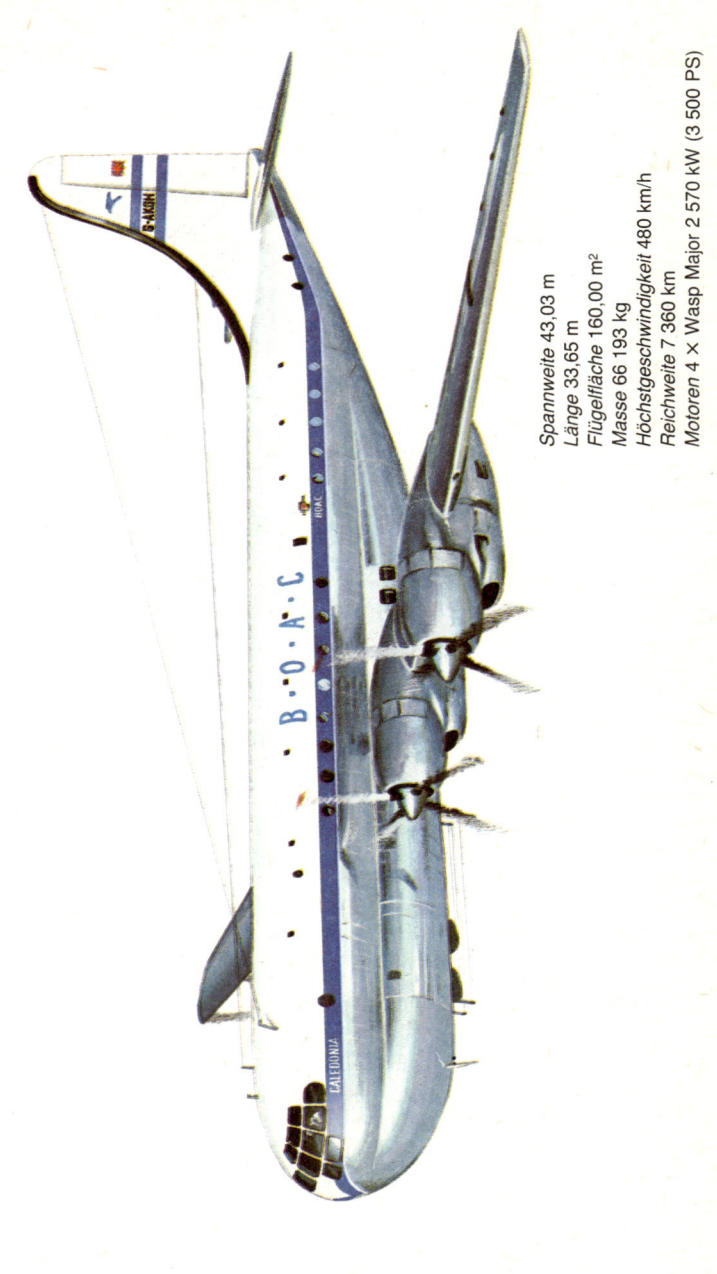

Spannweite 43,03 m
Länge 33,65 m
Flügelfläche 160,00 m²
Masse 66 193 kg
Höchstgeschwindigkeit 480 km/h
Reichweite 7 360 km
Motoren 4 × Wasp Major 2 570 kW (3 500 PS)

HUGHES H-4 HERCULES 1947

USA

Das riesige achtmotorige Hughes H-4-Flugboot mit seiner Flügelspannweite von 97,69 m wird vielleicht für immer das größte Flugzeug bleiben, das je gebaut worden ist.

Während des zweiten Weltkrieges bot der amerikanische Schiffshersteller Henry Kaiser den amerikanischen Streitkräften an, eine Flottille von Riesenflugbooten zu bauen, die Kriegsmaterial und Truppen aus den USA nach Europa transportieren könnten. Kaiser wählte den Millionär und Großunternehmer Howard Hughes zum Partner. Sie erhielten 18 Millionen Dollar staatliche Unterstützung und verpflichteten sich, in 25 Monaten drei Prototypen zu bauen.

Die Verträge wurden 1942 abgeschlossen, und die Arbeit begann im Frühjahr 1943. Kaiser erkannte frühzeitig, daß seine Vorstellungen unrealistisch waren. Hughes wollte jedoch den Gedanken nicht aufgeben und übernahm den Vertrag selbst. Ab 1944 arbeitete er allein an der Realisierung des Vorhabens weiter. Die Typenbezeichnung änderte man von HK-1 in H-4, und die Maschine wurde längere Zeit unter dem nichtoffiziellen Namen Hercules geführt.

Eine der Bedingungen für die Zustimmung zum Bau der H-4 war, daß Hughes keine Entwicklungsingenieure aus anderen Flugzeugfabriken abziehen und für die Arbeit keine strategischen Rohstoffe, vor allem Aluminium und dessen Legierungen, verwenden durfte. Die H-4 besaß also eine Ganzholzkonstruktion, was bei diesen Abmessungen eine wirklich anspruchsvolle Entwicklungsaufgabe bedeutete. Das Flugboot war ein freitragender Hochdecker, der in seinem großen Rumpf 68 950 kg Güter befördern konnte, und zwar über 4 700 km, eine geringere Masse aber bis 9 500 km weit. Die Treibstofftanks faßten 53 000 l für die acht leistungsstarken 3 000-PS-Pratt&Whitney R-4 360-Wasp-Major-Viersternmotoren (2 200 kW). Unter den Flügelenden waren Ausgleichsschwimmer.

Hughes baute bis zum Sommer 1947 den einzigen Prototyp H-4 in den Werkstätten in Culver City. Dann transportierte man ihn 45 km über Land nach Long Beach auf ein Dock, wo man das Flugzeug montierte. Am 1. November 1947 beschloß Howard Hughes, mit dem Flugzeug über die Bucht zu schwimmen. Dies geschah ganz ohne Probleme und plötzlich – ohne Vorwarnung – erhob sich die Maschine über das Wasser und vollführte in 20 m Höhe einen 1 600 m weiten Sprung.

Das war das erste und letzte Mal, daß die H-4 flog. Offizielle Stellen äußerten kein Interesse an ihr, und so stand sie in Long Beach ungenutzt in der Halle. Im Jahre 1982 ging die Maschine in den Besitz des südkalifornischen Aeroklubs über, und 1982 wurde sie zusammen mit dem berühmten Dampfer „Queen Mary" ausgestellt.

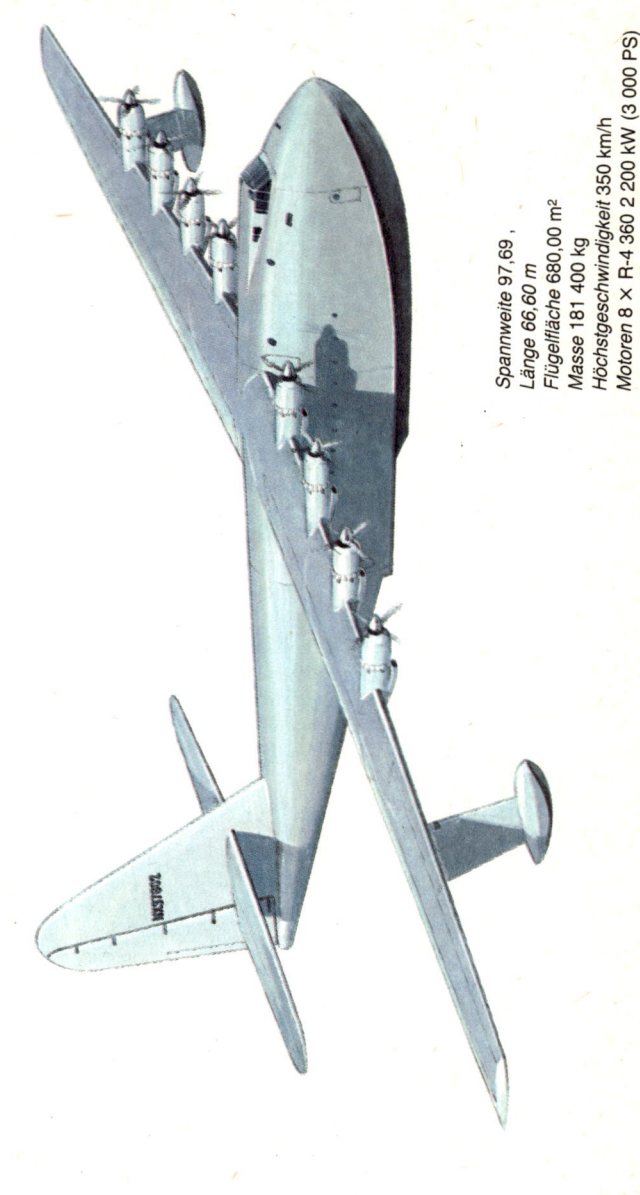

Spannweite 97,69 ,
Länge 66,60 m
Flügelfläche 680,00 m²
Masse 181 400 kg
Höchstgeschwindigkeit 350 km/h
Motoren 8 × R-4 360 2 200 kW (3 000 PS)

Tschechoslowakei

In den fünfziger und sechziger Jahren hatte in der Kunstfliegerei das tschechoslowakische Flugzeug Trenér mit einigen Typenvarianten einen sehr guten Ruf.

Es begann im Jahre 1947, als im späteren Werk Moravan Otrokovice der Prototyp eines universellen Schul- und Kunstflugzeuges Z-26 Trenér nach einem Entwurf des Ingenieurs Karel Tomáš eingeflogen wurde. Die Maschine flog mit einem 105-PS-Walter-Minor-Vierzylindermotor (77 kW) und hatte eine gemischte Konstruktion.

Die Z-26 wurde tatsächlich zum einheitlichen Schulflugzeug der tschechoslowakischen Militärluftfahrt und der Aeroklubs. Aufgrund von Schwierigkeiten mit den Holzflügeln wurden 1953 die Flügel und das Leitwerk in der Ganzmetallbauweise hergestellt, und die neuen Maschinen nannte man Z-126. Für den Schlepp von Segelflugzeugen entstand 1955 die Version Z-226 Bohatyr mit einem 160-PS-Minor 6-III-Sechszylindermotor (118 kW). Dieser Motor fand bei den Schulmaschinen Z-226T Trenér 6 ebenfalls erfolgreich Verwendung. Für höchste Kunstfluganspräche entstand 1956 die einsitzige Z-226A Akrobat; nach der Montage einer effektiveren Luftschraube wurde aus ihr die Z-226AS Akrobat Special.

Der Bau von einsitzigen Kunstflugmaschinen parallel zu den neuen Modellen von Zweisitzern wurde dann zur Regel. Das geschah auch bei dem Typ Z-326 Trenér Master aus dem Jahre 1957, der als erster der Trenér-Maschinen ein einziehbares Fahrwerk erhielt. Mit 420 Exemplaren war die Z-326 die in größter Stückzahl gebaute Version, davon 260 für die UdSSR. Hinzu kam noch die Z-326A. Auf die Z-326 folgten im Jahre 1965 die Maschinen Z-526 Trenér Master mit einer neuen automatisch verstellbaren Schraube. Erstmals gelangen Exporte in die USA, mit Z-526A und AS.

Eine deutliche Veränderung brachte die Version Z-526F im Jahre 1969, angetrieben von einem 210-PS-M-137A-Motor (154 kW). Davon leitete man die Z-526F und AFS und auch die Z-526L mit dem amerikanischen Lycoming AIO-360B-Motor ab. Die Entwicklung gipfelte dann in dem Typ Z-726 Universal und Z-726 mit M-137AZ bzw. M-337A-Motor. In den Jahren 1947 bis 1974 entstanden insgesamt 1 457 Trenér-Flugzeuge aller Ausführungen.

Es gab unbestritten Erfolge. Im Lockheed-Trophy-Wettbewerb 1956 war eine Z-226T zweite, 1957 eine Z-226A erste, gleichfalls im Jahre 1958 eine Z-226T. Die Siege wiederholten sich in den Jahren 1960, 1964 und 1965, als die Z-226AS-Maschinen antraten. Die Weltmeisterschaft im Kunstflug war lange eine Domäne der Trenér. Sie siegten 1961 und 1962, ebenso 1963. In den internationalen Wettbewerben um den Léon-Biancotto-Cup siegten ab 1967 ebenfalls die Z-Modelle.

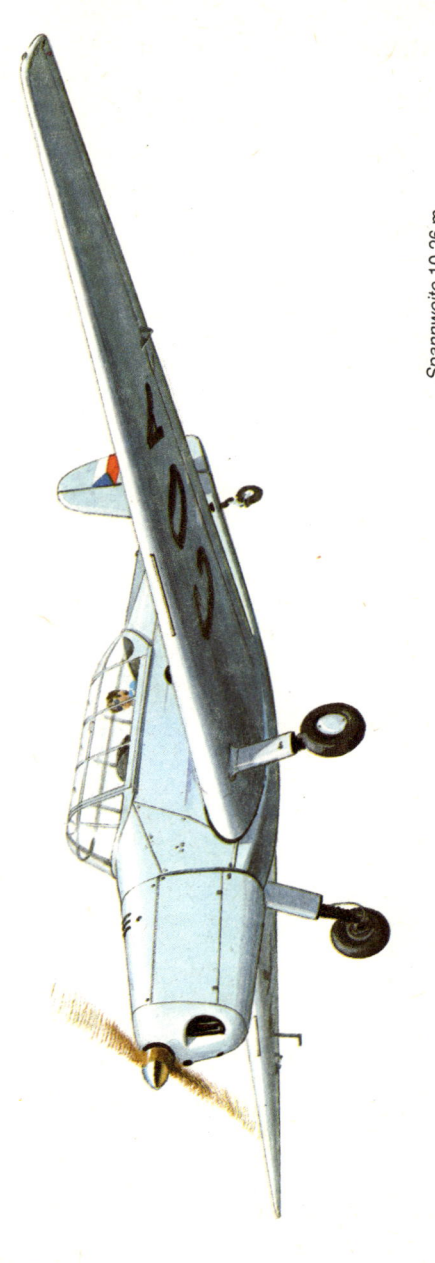

Spannweite 10,26 m
Länge 7,49 m
Flügelfläche 14,62 m²
Masse 750 kg
Höchstgeschwindigkeit 203 km/h
Reichweite 600 km
Motor Walter Minor 4-III 77 kW (100 PS)

JODEL D-9 BEBE   1948

Frankreich

Die Sportfliegerei in den westeuropäischen Ländern geriet schon bald nach dem zweiten Weltkrieg in eine Krise. Es fehlte einfach an leichten und wirklich sportlich konstruierten Flugzeugen, mit denen man im Aeroklub zur Entspannung fliegen konnte.

Viele versuchten sich im Bau von einfachen Sportflugzeugen, gewöhnlich kleinen Einsitzern, die man zu Hause in Garagen nach nicht sehr zuverlässigen aerodynamischen und Festigkeitsberechnungen zusammenbaute. Diese Tätigkeit fand wiederum ohne Wissen der Ämter für Flugsicherheit statt, die eine Erlaubnis zum Betrieb nur auf der Grundlage einer sorgfältigen Überprüfung der Konstruktion, der Berechnungen und der Technologie erteilten.

Zur rechten Zeit hatten dann zwei Franzosen – Jean Delemontez und Edouard Joly – einen guten Einfall. Sie waren Inhaber eines kleinen Betriebes für Reparaturen an Sportflugzeugen (gegründet 1946) in Beaune. Im Jahre 1947 beschlossen sie, Flugzeuge im Baukastenprinzip anzubieten. Der Gedanke war einfach. Es ging darum, ein kleines Sportflugzeug zu entwickeln und durch die staatlichen Prüfungen zu bringen, das die Firma nicht komplett herstellte, sondern nur in Teilen weiterverkaufte. Amateure und Gruppen in Aeroklubs sollten selbst anhand der Unterlagen eine zuverlässige Maschine zusammenbauen können. In Betracht kam schließlich auch die Lizenzproduktion bei anderen, zumeist kleineren Herstellern. Auf jeden Fall war die Prozedur bei den Aufsichtsämtern wesentlich vereinfacht und beschränkte sich lediglich auf die Kontrolle der richtigen Bauausführung.

Schon der erste Versuch verlief erfolgreich. Die Firma Jodel (eine Abkürzung aus den beiden Namen) flog im Januar 1948 den kleinen Ganzholztiefdecker D-9 Bébé ein, mit einem umgebauten 26-PS-Volkswagen-Motor (19 kW). Die Maschine war einfach konstruiert, aber zugleich zuverlässig, und die Firma lieferte zunächst die Bauunterlagen in Frankreich aus, später auch in andere europäische Länder. Sie ging dann aber zu zweisitzigen Maschinen mit leistungsstärkeren Motoren über und gab weiteren Unternehmen ein Beispiel. Ihre Flugzeuge bauten in Frankreich fünf kleinere Firmen, daneben auch solche in der BRD, in Italien und Spanien. Der Amateurbau aus Fertigteilen übte in den fünfziger und sechziger Jahren wesentlichen Einfluß auf die Sportfliegerei aus.

Spannweite 7,00 m
Länge 5,45 m
Flügelfläche 9,00 m²
Masse 272 kg
Höchstgeschwindigkeit 150 km/h
Reichweite 460 km
Motor Volkswagen 19 kW (26 PS)

BREGUET 763 PROVENCE 1949

Frankreich

Nach der Beendigung des zweiten Weltkrieges war der Bau von europäischen Flugzeugen sehr erschwert. Die gewaltige amerikanische Konkurrenz zeigte sich darin, daß sie den Markt mit einer großen Menge Flugzeuge aus ehemaligen Kriegsbeständen für niedrige Preise überschwemmte.

Hoffnung auf Durchsetzung versprachen nur solche Flugzeuge europäischer Firmen, die die amerikanischen Maschinen deutlich übertrafen oder aber ganz spezielle Aufgaben zu lösen vermochten. Eines der Flugzeuge – französischen Ursprungs – dem es in jener Zeit gelang, zumindest teilweise auf den Markt vorzudringen, war die schwere Verkehrsmaschine Breguet 763 Provence mit zwei Decks.

Die Konstrukteure dieser Firma arbeiteten an diesem Projekt insgeheim seit 1944, um auf die Nachkriegsentwicklung der Zivilluftfart vorbereitet zu sein. Es ging damals in erster Linie darum, ein Flugzeug für 54 bis 59 Passagiere zu entwerfen, die in zwei übereinander angeordneten Kabinen untergebracht werden sollten. Nach Kriegsende wurde die Arbeit an dem neuen Typ schneller fortgesetzt. Den ersten Prototyp nannte man Breguet 761 Deux Ponts, also wörtlich zwei Decks.

Er startete zum Probeflug am 15. Februar 1949 mit vier französischen 1 580-PS-SNECMA 14R-Motoren (1 162 kW). Da ihre Leistung nicht ausreichte, konnte das Flugzeug nur mit einer Masse von 40 000 kg starten. Der Ganzmetall-Mitteldecker war konstruktionsmäßig interessant, hatte je eine Kabine oberhalb und unterhalb des Flügels, der flache hintere Teil des Rumpfes wirkte wie eine Kielflosse, ergänzt durch ein doppeltes Seitenleitwerk an den Enden des Höhenruders. Angefangen vom Jahre 1951 folgten drei weitere Prototypen mit amerikanischen 2 000-PS-Pratt&Whitney R-2 800-B31-Motoren (1 471 kW). Eine von ihnen flog bei der Gesellschaft Air Algeria, eine andere bei Silver City Airways.

Die Air France kaufte zwölf Maschinen mit stärkeren 2 100-PS-R-2800-CA18-Motoren (1 544 kW), deren Leistung durch Einspritzung von Wasser kurzzeitig auf 1 765 kW (2 400 PS) erhöht werden konnte. Sie wurden bekannt als Breguet 763, und die Air France führte sie als Provence. Ab März 1953 flogen sie auf der Linie Paris – Marseille und von dort nach Algier oder Tunis. In der oberen Kabine fanden 59, in der unteren 48 Passagiere Platz.

Nach gewisser Zeit baute die Air France sechs Maschinen für den Fracht- bzw. den gemischten Verkehr um. Durch das Ladetor am Heck konnten sechs bis zwölf PKW fahren, und ihre 20 bis 29 Insassen wurden in der oberen Kabine untergebracht. In dieser Ausführung, Universal genannt, flogen die Maschinen ab 1965 zwischen Paris und London.

Spannweite 42,99 m
Länge 28,94 m
Flügelfläche 185,40 m²
Masse 51 600 kg
Höchstgeschwindigkeit 380 km/h
Reichweite 4 100 km
Motoren 4 ×R-2800, 1 765 kW (2 400 PS)

Großbritannien

Die Brabazon war in ihrer Zeit nicht nur eines der größten Flugzeuge der Welt, sie stellte zugleich auch den größten und teuersten Irrtum dar. Ursprünglich erwog man ihren Bau schon im Jahre 1942, als in Großbritannien der sog. Lord-Brabazon-Ausschuß arbeitete. Er sollte die Grundlagen für die Entwicklung der britischen Zivilluftfahrt nach dem Kriege einschließlich des Entwurfs geeigneter Flugzeuge schaffen. Für den Transatlantikverkehr empfahl er ein Riesenflugzeug, das 25 Passagiere in bis dahin einmaligem Luxus auf der Linie London – New York ohne Zwischenlandungen befördern sollte. Den Auftrag für die Entwicklung erhielt die Firma Bristol.

Das war ohne Zweifel eine anspruchsvolle Aufgabe, besonders weil die Anfangsetappe dieser Entwicklung noch in die Kriegsjahre fiel. Das Flugzeug hatte einen gewaltigen Rumpf von 5,1 m Querschnitt mit einer Überdruckkabine, die den Druck noch in 10 600 m Höhe auf dem Niveau von 2 400 m hielt. Berechnet war es für 25 bis 30 Fluggäste bei Transatlantikflügen und für 100 Personen im Kurzstreckenbetrieb. Den Antrieb besorgten 2 560-PS-Bristol-Centaurus 20-Doppelsternmotoren (1 839 kW). Die Konstrukteure koppelten je zwei Motoren an den Antrieb einer gegenläufigen Schraube mit vierblättrigen Einheiten. Da die Flügel ein ziemlich dickes Profil aufwiesen, paßten dort die Motoren hinein und vor der Tragflügelvorderkante ragten nur die kleinen Gondeln mit den Luftschrauben heraus.

Am Sitz der Firma in Filton mußte man einen 321 m langen Hangar und für den Start eine 2 520 m lange Anlaufpiste bauen. Der anfängliche Optimismus bei der Entwicklung der Brabazon zeigte sich auch am Planungstermin für den ersten Start - April 1947. Die Wirklichkeit sah anders aus. Der Prototyp wurde erst im Januar 1949 fertig, und den Erstflug unternahm er am 4. September des gleichen Jahres. Vollständig ausgestattet für den Transport von 30 Passagieren war das Flugzeug erst im Sommer 1950. Da zeigte sich bereits der große Irrtum. Die amerikanischen viermotorigen Flugzeuge mit 40 und mehr Fluggästen flogen über die Ozeane unter wesentlich günstigeren ökonomischen Bedingungen als die Brabazon. Im Jahre 1951 stellte man sie zwar im Aerosalon in Paris aus, aber mehr als Kuriosität denn als einen Gebrauchsgegenstand.

Zu dieser Zeit arbeitete man am zweiten Prototyp Brabazon 2 mit acht 3 200-PS-Bristol-Proteus Propellerturbinen (2 354 kW). Aus Ersparnisgründen wurde im Herbst das ganze Programm gestoppt, das bis dahin 14 Millionen Pfund Sterling Verlust gebracht hatte.

Spannweite 70,15 m
Länge 53,98 m
Flügelfläche 494,61 m²
Masse 131 660 kg
Geschwindigkeit 480 km/h
Reichweite 8 850 km
Motoren 8 × Centaurus 20, 1 839 kW (2 500 PS)

ILJUSCHIN IL-14 1950

UdSSR

Der sowjetische Konstrukteur S. Iljuschin bereitete schon im Januar 1944 ein Projekt eines Verkehrsflugzeuges für den zivilen Dienst vor. Bei seiner IL-12 beabsichtigte er, zunächst vier Motoren M-88B mit je 735 kW (1 000 PS) zu verwenden, später zwei Dieselmotoren. ATsch-31 mit je 1 100 kW (1 500 PS), von denen er sich einen sehr niedrigen Kraftstoffverbrauch versprach. Damit flog der Prototyp schon am 15. August 1944, jedoch die Motoren waren nicht zuverlässig. Iljuschin ersetzte sie durch die Zweistern-Typen ASch-82FN mit je 1 470 kW (1 850 PS), die sich schon während des Krieges bewährt hatten. So ausgestattet, flog eine IL-12 am 9. Januar 1946, und zu Beginn des Jahres 1947 erhielt die Gesellschaft Aeroflot die ersten fünf Maschinen der Testserie. Im Juni begannen die IL-12 den regelmäßigen Liniendienst. Die IL-12 beförderten gewöhnlich 18 bis 24 Passagiere, in anderer Ausstattung auch 27 bis 32, und erreichten eine Geschwindigkeit von 407 km/h. Nach 1949 wurden sie auch in den Dienst der Verkehrsluftfahrt der ost- und mitteleuropäischen Staaten gestellt.

Nachfolger der IL-12 wurde der Typ IL-14, eingeflogen am 13. Juni 1950. Er zeichnete sich durch eine vervollkommnete Flügelaerodynamik, bessere Flugeigenschaften mit einem abgestellten Motor und auch durch sehr leistungsstarke und sparsame Motoren vom Typ ASch-82T mit einer Leistung von 1 397 kW (1 900 PS) aus. Der Treibstoffverbrauch war um 15 % niedriger als bei den ASch-82FN, unter anderem auch dadurch, weil ein Teil der Energie der Auspuffgase zur Verstärkung des Schubs genutzt wurde. Anfänglich war der Typ IL-14P für 18 Passagiere vorgesehen; es existierten aber auch Varianten mit 24 und sogar 32 Sitzen. Im Jahre 1955 erschien die Version Il-14M mit einem um 1 m verlängerten Rumpf und einem auf 24 bis 36 Sitze vergrößerten Kabinenvolumen. Die Besatzung bestand aus vier Personen.

Die Maschinen IL-14P und M arbeiteten für die Aeroflot und die Gesellschaften der ost- und mitteleuropäischen Länder bis 1960. Es existierten Transportversionen, die IL-14T, auch genutzt als Absetzmaschinen für Fallschirmspringer sowie reine Transportflugzeuge IL-14Gr für Frachten und zehn Personen (beide mit großen Türen an der Seite) oder reine Luftlandemaschinen IL-14-30D für 30 Fallschirmspringer.

In den Jahren 1956 bis 1960 wurde die IL-14 auch außerhalb der UdSSR in Lizenz gebaut, und zwar 80 Maschinen IL-14P in der DDR und 203 beider Versionen in der Tschechoslowakei bei Avia. Bezeichnet wurde sie dort als Av-14, wobei die eigenen Avia-Versionen für 32 bis 40 und ausnahmsweise auch für 42 Passagiere ausgelegt waren. Insgesamt wurden etwa 3 500 IL-14 Maschinen gebaut.

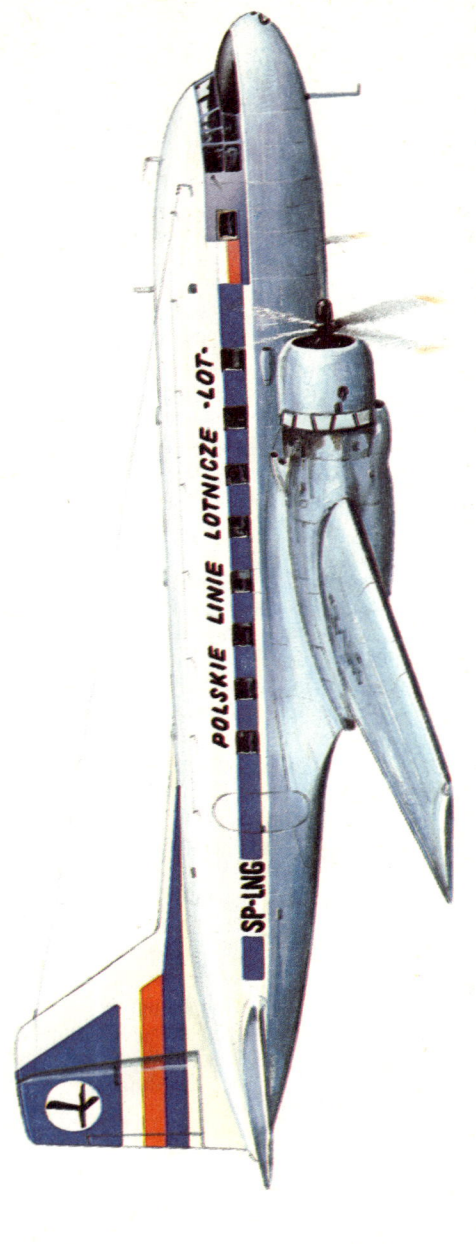

Spannweite 31,70 m
Länge 22,30 (21,30) m
Flügelfläche 100 m²
Startmasse 16 500 kg
Höchstgeschwindigkeit 430 km/h
Reichweite 600–1 600 km
Motoren 3 × Asch-82T 1 397 kW (1 900 PS)

PIPER PA-23 APACHE 1952

USA

Das zweimotorige Flugzeug Piper PA-23 Apache dient als Beispiel für eine Kategorie von Flugzeugen, die sich kurz nach dem zweiten Weltkrieg als Neuheit auf dem zivilen Flugzeugmarkt präsentierte. Es waren Reise-, Touristik-, kleine Verkehrs- und Handelsflugzeuge. Sie fanden aber bei den kleinen Verkehrsgesellschaften immer größere Verbreitung und auch als Dienstreisemaschinen von Spitzenvertretern der großen Gesellschaften. Sie konnten vier Personen, später auch fünf, sechs und mehr aufnehmen. Mit den wachsenden Ansprüchen an die Flugsicherheit wurde die Geräteausstattung ständig vervollkommnet; möglich wurden dadurch auch Flüge bei schlechterem Wetter und bei Nacht, und schließlich erreichte man das Niveau für den Linienverkehr.

Als älteste Maschine dieser Kategorie gilt der britische Typ Miles M-65 Gemini aus dem Jahre 1945, als zweitälteste der tschechoslowakische Typ Aero Ae-45 aus dem Jahre 1947. In ihren Stückzahlen waren sie freilich nicht zu vergleichen mit dem in den USA in Massenproduktion hergestellten Typ Piper PA-23 Apache, dessen Prototyp am 2. März 1952 seinen Erstflug unternahm und der im März 1954 auf den Markt kam.

Er begann seine Karriere als Typ Pa-23-150 mit zwei 150-PS-Lycoming 0-360A-Motoren (110 kW). In der weiteren Entwicklung ist eine Erhöhung der Ansprüche an diese Maschinen deutlich zu erkennen. Das betraf sowohl die Leistung als auch die Ausstattung. Dadurch erhöhte sich auch die Masse, was nur durch stärkere Motoren kompensiert werden konnte. Im Jahre 1959 baute man die PA-23-160-Modelle mit 160-PS-0-360B-Motoren (118 kW), 1961 das fünfsitzige Modell PA-23-235 mit 235-PS-0-540-B1A5-Motoren (173 kW). Diese Versionen erhielten bereits Autopiloten, und weitere Elemente erleichterten das Führen der Maschinen auch bei schlechtem Wetter. Die Piper Apache stellte gewissermaßen die Einstiegsmaschine der Firma Piper auf diesem Gebiet des Flugzeugbaus dar. Es gelang, davon 119 Stück zu verkaufen, aber ein absoluter Erfolg waren die neuen Versionen mit der Bezeichnung PA-23-250-Aztec.

Die Aztec mit zuerst fünf, dann sechs Sitzen stellte eine Maschine dar, die auch hohe Kundenansprüche erfüllte. Sie flog mit 250-PS-0-540-AID5-Motoren (184 kW), hatte ein modernisiertes Rumpfheck und wurde in zahlreichen Varianten geliefert, die sich in der Ausstattung sowie im Luxus der Kabinen unterschieden. Einige Versionen benutzten Turbokompressoren, so daß sie in großen Höhen fliegen konnten. Sie wurden bis 1972 produziert.

Spannweite 11,32 m
Länge 8,34 m
Flügelfläche 18,95 m²
Masse 1 725 kg
Höchstgeschwindigkeit 293 km/h
Reichweite 1 150 km
Motoren 2 × 0-360A 110 kW (150 PS)

HUREL-DUBOIS HD-34　　　　　　　　　**1957**

Frankreich

Während der langen Jahre der Entwicklung der Flugtechnik gab es in allen Entwicklungsetappen Konstrukteure, die sich mit dem erreichten Niveau nicht zufriedengaben und nach grundlegenden Veränderungen strebten. Eine der neuen Richtungen im Entwurf von Flugzeugen war die Konstruktion von sehr schlanken Flügeln nach einem Entwurf von Maurice Hurel. Dieser leitete in den dreißiger Jahren die Entwicklung von Flugbooten der Firma CAMS und verzeichnete beste Ergebnisse. Nach der Niederlage Frankreichs im Jahre 1940 leitete er die Entwicklung von Landflugzeugen, und es gelang ihm, auf einem Prototyp von Cannes nach Algerien zu flüchten. Nach der Rückkehr in die Heimat eröffnete er gemeinsam mit dem Finanzier Dubois ein eigenes Konstruktionsbüro.

Im Jahre 1948 begann Hurel den Gedanken zu verfolgen, daß extrem schlanke Flügel – mit einer Streckung von 20 bis 30 und mehr – größere Lasten tragen als ein vergleichbarer klassischer Flügel, wobei die Masse des leeren Flugzeuges fast unverändert bleibt und die Maschine einen sehr kurzen Start und eine ebenso kurze Landung benötigt. Zur Überprüfung seiner Theorie ließ sich Hurel 1949 das Versuchsflugzeug HD-10 mit einer Flügelstreckung von 32,5 bauen und erreichte tatsächlich die angenommenen Ergebnisse. Die Zahl ist ein Quotient aus der Spannweite und aus Flügeltiefe. Je größer sie ist, desto niedriger sind der induzierte Luftwiderstand an den Flügelenden und desto kleiner die Auftriebverluste an den äußeren Seiten des Flügels.

Daraufhin begann er den Bau weiterer Prototypen von Verkehrsflugzeugen. Das erste war der Hochdecker HD-31, dessen Ganzmetallflügel eine Streckung von „nur" 20,2 aufwies. Er flog mit 1 200-PS-Pratt & Whitney R-1 830-92-Motoren (882 kW) und unternahm am 27. Januar 1953 seinen Erstflug. Im Dezember des gleichen Jahres folgte der ähnliche Typ HD-32 mit einer Kabine für 44 Passagiere. Im Februar 1955 entstand noch eine weitere HD-32-Maschine; beide Flugzeuge wurden zu HD-321 mit 1 525-PS-Wright-Cyclone-Motoren (1 120 kW).

Hurels Flugzeuge kamen mit ihren ungewöhnlich schlanken Flügeln zwar tatsächlich mit einem kurzen Anlauf aus und verfügten über eine ausgezeichnete Tragfähigkeit, aber sie verlangten eine komplizierte Verstrebung, denn die Tragflügel konnten in diesem Falle nicht freitragend gebaut werden. Die übertrieben großen Spannweiten und die Streben gestatteten keine Geschwindigkeitserhöhung, so daß sich diese Maschinen auf Flugtätigkeiten beschränken mußten, bei denen die Geschwindigkeit nicht entscheidend war. Hurel gelang es schließlich, acht HD-34-Flugzeuge an das französische Nationale Geografische Institut für den Flugkartendienst zu verkaufen.

Spannweite 45,30 m
Länge 23,58 m
Flügelfläche 100,00 m²
Masse 19 265 kg
Höchstgeschwindigkeit 350 km/h
Reichweite 3 620 km
Motoren 2 × Wright Cyclone 1 120 kW (1 525 PS)

INHALTSVERZEICHNIS